La physique

pour ceux qui n'aiment pas ça

Acteurs de la Science
Fondée par Richard Moreau,
professeur honoraire à l'Université de Paris XII
Dirigée par Claude Brezinski et Roger Teyssou

La collection Acteurs de la Science est consacrée à des études sur les acteurs de l'épopée scientifique moderne ; à des inédits et à des réimpressions de mémoires scientifiques anciens ; à des textes consacrés en leur temps à de grands savants par leurs pairs ; à des évaluations sur les découvertes les plus marquantes et la pratique de la Science.

Dernières parutions

Paul AVAN, *Giuseppe Tartini et le troisième son,* 2022.
Michel DUBUISSON, *Pierre-Charles-Alexandre Louis (1787 - 1872). Un médecin à l'aube de la médecine scientifique,* 2022.
Hugo PIERRARD, *La Pression atmosphérique et la santé. Une histoire de bulles*, 2021.
Guillaume REY, *Les stations en primatologie. Etude des cas de Makokou et Paimpont (1962-1989),* 2021.
Michel PINAULT, *Noël Bernard (1874-1911). Du maître des orchidées au pionnier de la symbiose végétale,* 2021.
Monica GINNAIO, *Sur les antidotes contre la peste, Écrits médicaux sur la peste XIVe-XVIIe siècles*, 2021
AMIC, *L'équilibre*, 2021.
Daniel BOIS, *L'information du vivant au numérique. L'homme face à la complexité*, 2020.
Frédéric TOURNIER, *Une vie à chercher*, 2020.
Robert LOCQUENEUX, *Les commencements du monde, de Moïse à Buffon*, 2020.
Alain MARMONIER, *Le Dr Melchior Marmonier,1813-1891.Vie et œuvre du promoteur de la transfusion sanguine en Grésivaudan,* 2020.
Claudio GRIMALDI, *Les Éloges de Fontenelle. La création du discours sur la science*, 2020.
Benoît LINEL, *Le docteur Vitalien. Le médecin de Ménélik II*, 2020.

Frédéric Vioux

La physique
pour ceux qui n'aiment pas ça

L'Harmattan

Illustrations de Minh Nguyet Vioux

5-7, rue de l'Ecole-Polytechnique, 75005 Paris
http://www.editions-harmattan.fr
ISBN : 978-2-14-025863-3
EAN : 9782140258633

À Thomas et Théo

Remerciements :
À Minh Nguyet,
pour ses illustrations, ses encouragements
et sa précieuse relecture.

Sommaire

Préambule 11

Chapitre 1 : Il faut bien un début 17

Chapitre 2 : Fiat lux, etc. 41

Chapitre 3 : Élémentaire, mon cher Big-Bang 65

Chapitre 4 : Un peu de chimie maintenant 85

Chapitre 5 : Marie Curie était une femme rayonnante. 103

Chapitre 6 : La gravitation, un sujet pesant.................. 125

Épilogue 149

Préambule

Putaclic ! Dois-je craindre que la lecture du titre puisse provoquer cette réaction ? Cette interjection dont usent certains habitués du web est aussi grossière qu'expressive. Certes, elle n'est pas encore validée par l'honorable Académie. Or, je pronostique une entrée prochaine dans le dictionnaire, avec une étymologie amusante. On peut lui préférer le terme suivant : racoleur ! Mais la conséquence demeure la même, puisque je feins de ne pas m'en offusquer !

Finalement, vous êtes en route, et ainsi passé outre, car vous avez pressenti un état d'esprit qui tourne le dos au discours rébarbatif. Votre discernement vous susurre même que les pages à venir tâcheront d'allier la distraction à l'information. Si vous voulez entrer au plus vite dans le vif du sujet, dirigez-vous dès à présent vers le premier chapitre. Mais si vous souhaitez savoir dans quoi vous vous embarquez, alors voici la présentation du projet.

L'objectif est d'offrir modestement l'opportunité d'apprendre ou de se réapproprier, avec plaisir et sans trop d'efforts, quelques connaissances du monde des sciences. Le but étant aussi de réconcilier avec la physique tous ceux qui pensent ne pas aimer ça, ceux qui croient avoir tout oublié car leur esprit a mieux à faire (ce qui n'est pas faux, a priori !), ceux qui sont trop modestes pour accepter que la physique possède des notions à leur portée, ceux qui manquent d'éclectisme dans leur choix sur la palette des savoirs, etc. Belle promesse ? Ou bien, quel défi ?

Il ne faut pas exagérer, ce n'est pas insurmontable ! Aucune lectrice, aucun lecteur, ni même votre aimable rédacteur, ne devra faire face à une forteresse inexpugnable. En effet, cette modeste entreprise n'a rien d'une inconcevable idiotie telle « la viande pour les végans qui n'aiment pas ça ». La physique est un monde riche et passionnant qui ne doit pas paraître ésotérique, abscons et abstrus, tels ces deux derniers adjectifs.

Trop tard ! Zut, flûte (restons polis) ! Cela a été fait maintes fois ! Notamment, depuis longtemps dans la littérature anglo-saxonne ! Rien de nouveau, vraiment ? Pourtant, après m'être frotté bien souvent à ce type de lecture, en particulier tout ce que l'on qualifie de vulgarisations, j'ai toujours eu l'impression que ces ouvrages finissent trop vite par s'adresser à ceux qui sont pourvus de bagages solides. Peut-être ont-ils su préserver des bases pérennes, suite à des apprentissages passés de qualité, plus ou moins entretenus depuis par différents biais ? Dans ce contexte, il reste alors peu d'espoir, pour les autres, de suivre le discours jusqu'au bout, sans se décourager. Je n'évoque pas ici les publications pour la jeunesse, mais bien celles qui visent le grand public.

En outre, curieux de tout, je me suis parfois plongé dans la littérature au célèbre titre sarcastique... Je parle de ces nombreux livres destinés aux membres d'une immense foule ironiquement qualifiée de « nuls ». C'est bien trouvé tout de même, déjà pour attirer l'attention. S'adresser aux pseudo-nuls suppose tout de même qu'ils possèdent un minimum d'autodérision.

Peu importe le sujet abordé pour satisfaire les nuls, comme la philosophie, la sociologie, l'architecture, les poètes norvégiens du XIIIe siècle, la couleur des lacets des Londoniens en 1987, tricoter avec des spaghettis al dente, etc., je me rends chaque fois à une triste évidence : je suis rapidement dépassé, démotivé car submergé. Le constat est donc implacable : je fais face à trop d'informations presque aussitôt oubliées, parfois à des notions intellectuellement trop complexes pour mes modestes capacités, ou bien encore à un jargon trop spécifique qui m'échappe. Cependant, il est possible que je sois mal tombé, après tout ! Il serait alors stupide de généraliser et je retenterai ma chance avec un des multiples autres thèmes.

La conséquence immédiate est qu'il n'est guère flatteur d'admettre que l'on n'est pas la bonne cible. En effet, je me découvre souvent être plus que nul !

Et puis, nul c'est que dalle, oualou, zéro, bref, c'est « rien » ! Pourtant, je me rassure vite, en pensant à Raymond Devos, par l'entremise de son texte « Parler pour ne rien dire », dont voici un extrait :

« Rien moins rien = moins que rien !

Alors si l'on peut trouver moins que rien,

C'est que rien vaut déjà quelque chose !

…

Une fois rien… C'est rien !

Deux fois rien… Ce n'est pas beaucoup !

Mais trois fois rien, … Pour trois fois rien, on peut déjà acheter quelque chose ! ».

De quoi exaspérer les mathématiciens pour qui « rien » évoque zéro, pas le chiffre, mais le nombre : ils nous rappelleront que l'on obtient toujours zéro en multipliant quoi que ce soit par zéro. Par contre, si les « plus que nuls » de mon genre sont des « moins que rien », alors cela suffit à me remobiliser : au diable la multiplication par zéro, je tourne le dos aux maths et remercie Monsieur Devos pour sa brillante démonstration.

En effet, grâce à lui, je me sens moins nul car je vaux tout de même quelque chose ! En outre, pour peu qu'existe un clivage ridicule entre les langages verbaux et mathématiques, deux univers connectés aussi exaltants l'un que l'autre, j'avoue qu'en la circonstance, j'ai choisi les mots. La raison est intangible : cela m'arrange, et puis c'est tout ! D'ailleurs, je profite de l'occasion pour évoquer le plus sympathique des points communs entre les mots et les maths, ce qui me titille depuis toujours : on peut jouer avec les deux !

Entreprendre un récit intitulé « la physique pour ceux qui n'aiment pas ça » nécessite un cahier des charges. Je m'oriente définitivement pour l'adoption de deux axes directeurs afin de ne pas me disperser. Rassurez-vous, côté orgueil, ça va ! Je n'ai pas l'outrecuidance de m'autoproclamer investi d'une mission d'utilité publique. Alors je vous présente mes bonnes résolutions.

D'abord, le produit final doit être court pour ne pas faire peur, quitte à susciter d'autres opuscules qui mettraient en avant « la physique pour ceux qui commencent à aimer ça » ou bien « la physique pour ceux qui croyaient à tort ne pas aimer ça et qui finalement, après réflexion, malgré eux… ».

Ensuite, je souhaite m'adresser au plus grand nombre, sans les prendre pour de jeunes enfants, ni tomber dans les travers dénoncés peu avant.

C'est pourquoi, les lecteurs qui ont quelques notions de physique risquent de tourner en rond et passeront leur chemin, sans me vexer, car ils n'y trouveront rien de pointu. Il est aussi possible que ces derniers apprécient la promenade et restent, simplement par connivence avec le ton employé, puisqu'il ne s'agit ni d'un cours, ni d'un discours péremptoire ou dogmatique. Mais il faudra accepter les simplifications, les approximations et les raccourcis, parce qu'il faut un peu de rythme et que ça avance ! Et, à ce propos, vous l'avez remarqué, cela n'a toujours pas débuté…

Ouf ! Le préambule touche à sa fin, ce blablabla oiseux s'achève enfin ! La physique trépigne : elle nous attend et nous entoure ! Focalisons-nous sur le fait que notre environnement, proche ou lointain, est, tout comme vous et moi, fait de matière. Cette matière, responsable de divers phénomènes mesurables est souvent palpable et se transforme. Il résulte de tout cela que je tiens mon entrée en matière (je n'ai pas pu résister) : comment est-elle apparue cette matière et de quoi est-elle constituée ?

Bonne réconciliation si besoin est ?

LES TATÔNNEMENTS DE JEAN-ALBERT

1
Il faut bien un début

Nous voici désormais plongés dans un récit qui commence sans qu'il soit possible de préciser le lieu, pour la simple et bonne raison que cela n'a pas de sens. Il n'y a pas de personnages non plus, ni le moindre décor… De plus, le temps est comme figé. En fait, si ce dernier est incapable de s'écouler, c'est parce que ce paramètre est pour l'instant absent !

Comment ça ce début d'histoire n'est pas bien amené ! Guère accrocheur ? Pas grave : aucun prix littéraire en vue ! Pourtant, paradoxalement, les faits qui seront bientôt décrits sont extraordinaires et déconcertants : ils vont malmener vos neurones. C'est mieux là ?

Tout commence il y a 13,8 milliards d'années. Autant dire que l'adverbe « jadis » apparaît d'emblée trop modeste si on veut souligner à quel point cette époque est reculée. Pas question non plus d'user d'un « il était une fois », car il ne s'agit pas d'un conte de fées, ni d'une légende, et pas davantage d'une croyance. Bref, vous l'avez deviné, mon propos traite de la naissance de l'Univers, cet événement nommé « Big-Bang ».

L'Église, sans parcourir des siècles d'histoire des sciences à travers le prisme de la surveillance religieuse, n'a guère favorisé (doux euphémisme) l'épanouissement des connaissances en astronomie. Pointons du doigt sa diligence à museler des faits qui nous paraissent évidents aujourd'hui, en citant l'exemple classique du mouvement de la Terre en orbite autour du Soleil ! La notion d'héliocentrisme a connu des balbutiements douloureux, car fort malmenée pendant l'Inquisition qui imposait le géocentrisme. C'est pourquoi, il peut paraître cocasse que l'idée d'une naissance de l'Univers, associée à une expansion, provienne d'un prêtre, le Belge Georges Lemaître. Il publie, en

1927, un article audacieux dans les « Annales de la Société scientifique de Bruxelles ».

Cela est d'autant plus remarquable, que cet homme d'Église, brillant scientifique avant tout, calculs pertinents à l'appui, s'oppose effrontément au point de vue d'une sommité : Albert Einstein. Ce dernier prône un Monde immuable qui serait stationnaire depuis toujours et pour toujours, une vision surannée, un legs des anciens penseurs grecs.

L'idée forte qui vient d'émerger est la suivante : l'Univers grandit et, dès lors, il est envisageable de rembobiner le film pour subodorer un commencement. Lemaître évoqua même un début à l'Univers qu'il nomma « l'atome primitif ». Puis Einstein offensa son collègue quand il évoqua à tort le concordisme, c'est-à-dire l'idée que les convictions religieuses influencent les idées scientifiques, avec ici, en toile de fond, la Genèse biblique. En effet, Albert rétorqua à Georges, à propos de « l'atome primitif » : « Non, pas cela, cela suggère trop la création ! ». Dès lors, le plus dur restait à venir : trouver une preuve de cette expansion comme prérequis indispensable avant de considérer sérieusement un début, voire une naissance présumée explosive !

Quand l'astrophysicien anglais, Fred Hoyle, se moque de cette théorie au milieu du siècle précédent, il caricature ce concept auquel il refuse d'adhérer, en inventant un terme : le Big-Bang ! Ce « gros boum » (traduction hâtive) est une moquerie autant qu'une manifestation d'humeur. Ce fut contre-productif ! Depuis, le nom est resté, facile à retenir car métaphoriquement simplet : cela a contribué à rendre populaire cette vision. C'est donc ainsi que, voulant railler l'idée grotesque d'une explosion originelle, apparut ce « Big-Bang » tout comme aurait pu être choisi le « Gros Prout », à condition d'oser pousser plus loin dans la trivialité ou la vulgarité.

Notons que ces deux ressorts, trivialité et vulgarité, ont leur vertu : on peut véhiculer très largement par ces biais des pensées qui ne doivent pas rester l'apanage d'une quelconque élite instruite, bien informée mais restreinte, comme une caste isolée qui aurait accès avec jubilation aux pensées révolutionnaires.

C’est pourquoi Fred Hoyle eut la bonne idée de s'exprimer sur les ondes de la BBC, et toucher ainsi un large public que l’on peut supposer majoritairement profane. On a effectivement parfois besoin de trivialité pour communiquer : en latin, « trivium » est un carrefour, endroit parfait pour échanger, même si c’est parfois pour s’engueuler. Quant à la vulgarité, dont l’étymologie pointe « vulgus », la référence à la foule populaire, elle permet de rendre accessibles des notions au plus grand nombre, comme accroche et première approche, suggérant tacitement qu’il serait bon de ne pas en rester là. En effet, il est toujours bon de creuser, afin d’accroître ses chances de s’ouvrir à de nouveaux horizons.

Ainsi, la vulgarisation sera toujours préférable à l’ignorance : belle lapalissade, n’est-ce pas ? Bref, toutes ces digressions pour dire que l’expression Big-Bang n’est pas si malheureuse, en comparaison avec de beaux intitulés pompeux tel « le fond diffus cosmologique » qui ne font probablement vibrer que les initiés.

En 1929, Edwin Hubble, astronome américain qui avait déjà établi un classement des différents types de galaxies, trouve une relation de proportionnalité entre la vitesse d’éloignement des galaxies et leur distance. George Lemaître l’avait déjà proposé avant d’être observé.

Autrement dit, allons droit au but : il est désormais montré que l’Univers est en expansion ! Ce ne fut pas admis, ni aussitôt, ni unanimement pour autant : les réfractaires jouent leur rôle dans ce genre de situation, à l’instar de la force d’inertie qui s’oppose au mouvement. Mais la science fonctionne ainsi : elle peut prédire et émettre des doutes dans la foulée. On utilise ensuite des principes réputés fonctionnels pour tester les hypothèses, même les plus téméraires.

Cette histoire d’éloignement des galaxies autorise à dérouler le film en arrière en s’appuyant sur des principes irréfutables car solidement éprouvés en physique et en mathématiques. Alors, n’est-ce pas un joli pas d’Edwin pour un bond de géant pour l’astrophysique ?

Voilà le genre d'étape qui offre à l'humanité l'occasion de mettre le pied où personne n'a jamais mis la main ! Certes, cette dernière phrase est idiote, et je ne sais pas à qui je l'emprunte en la détournant, mais elle m'amuse. L'occasion se présente de soulever un problème à aborder au plus vite : comme je suis l'auteur de ce petit paquet de pages, je risque parfois de m'autoriser quelques facéties ! Par conséquent, je vous en prie, n'esquissez aucun sourire qui pourrait m'encourager à récidiver. Désolé ! Je poursuis…

Tout commença par une énergie incommensurable tenant dans un espace infiniment petit, bien en deçà des plus modestes particules subatomiques aujourd'hui connues. Voici la conséquence du rembobinage suggéré précédemment !

Dorénavant, le terme « infini » et son adverbe seront généralement improprement, mais sciemment utilisés, pour décrire l'invisible parce que ce dernier est soit extrêmement petit, ou soit très éloigné. En effet, un infini chiffrable, ne serait-ce que par une estimation, est contraire à sa définition.

Intéressons-nous maintenant à l'instant initial que l'on va nommer, langage scientifique oblige, l'instant t = 0. Intervient alors le Big-Bang, ayant comme bénigne conséquence, l'éclosion d'un mécanisme de création, celui de l'Univers ! Un instant plus tard, après une durée que l'on nomme « temps de Planck », tout est joué ! En des termes plus explicites, juste après ce moment très bref, l'Univers entre en expansion et son déroulement, jusqu'à aujourd'hui, est globalement compréhensible.

En fait, la croissance est d'abord brièvement démesurée. Ensuite seulement, elle mérite d'être qualifiée d'expansion, quand la physique parvient à décrire cet élan avec un langage mathématique univoque. Dans le jargon scientifique, « l'inflation cosmique » est le stupéfiant grossissement initial.

Revenons au temps de Planck ! Il s'agit d'un mur infranchissable pour la connaissance. Ce laps de temps est si infime qu'il dure une fraction de seconde dérisoire :

0,0000000000000000000000000000000000000000001 s

avec « s » pour symbole de la seconde, soit 10^{-43} s.

Cette écriture scientifique signifie qu'on trouve le « 1 » quarante-trois rangs après la virgule comme vous venez de le vérifier, n'est-ce pas ?

En tout cas, cette durée est d'une brièveté extravagante : à côté d'elle, un battement de cils semble durer une quasi-éternité. La lumière, notre étalon en tant que vitesse la plus élevée dans le vide, parcourrait un millionième de milliardième de milliardième de milliardième de centimètre pendant cette durée ridicule !

Pour information, Max Planck a reçu, au début du siècle précédent, un prix Nobel pour ses travaux remarquables concernant la physique quantique dont il est un des pères fondateurs. Cette physique décrit très bien le monde déroutant de l'infiniment petit, et nous sommes en plein dedans lors de ce déclenchement nommé Big-Bang. Ainsi, sont évoquées présentement une durée et une longueur indivisibles selon les connaissances actuelles ! Pourquoi s'attarder alors ? Négligeons le négligeable, après tout ! Ce serait dommage, car la clé de l'énigme est cachée dans cette phase.

Voici deux mystères à bien distinguer ! D'une part, les savoirs actuels ne permettent pas de connaître ce qui a pu se passer à l'instant exact de l'activation du Big-Bang, c'est-à-dire à $t = 0$ très précisément. D'autre part, au cœur des arcanes de l'ère de Planck, on ne sait rien sur l'emballement du système qui n'est alors constitué que d'énergie.

Sitôt après, rappelez-vous, survient l'inflation cosmique. Il s'agit d'un gonflement prodigieux. En effet, en une fraction infime de seconde presque aussi petite que le temps de Planck, l'Univers a connu une expansion si insensée qu'il a été décidé de lui préférer le terme inflation. On peut contester le vocabulaire choisi, mais on comprend la volonté de distinguer deux rythmes dans le processus de croissance, car les mathématiques peinent à décrire le premier, le plus violent des deux. Ainsi, une inflation précède l'expansion.

Pour s'en rendre compte, en usant d'une comparaison, l'inflation est plus exorbitante que le passage d'une sphère de la taille d'un grain de semoule, à une sphère qui engloberait très largement notre galaxie, soit plus d'un milliard de milliards de kilomètres. Le tour de force vient du fait que cela s'est produit quasiment instantanément, c'est-à-dire avec une vitesse de déploiement bien plus grande que la lumière.

Les physiciens savent que l'espace peut se déployer à une vitesse subluminique sans violer ses lois. En effet, dans un tel espace, la moindre particule, si elle existe, peut se mouvoir sans aller plus vite que la lumière. Mais comme l'inflation s'est enclenchée à partir d'un Univers considérablement plus petit que notre grain de semoule, elle se termine, proportionnellement, avec un Cosmos de la taille d'une pomme, comme celle de Newton. Ensuite, à partir de cette pomme, toujours uniquement constituée d'énergie, l'Univers se montre moins fougueux.

L'inflation laissant place à l'expansion, la température a considérablement baissé avec une valeur tout de même difficile à appréhender : un nombre à environ 27 chiffres en degrés Kelvin, l'unité de température des physiciens. Sachez que cette approximation, avec cet ordre de grandeur dépassant l'entendement, ne fait aucune différence entre les degrés Celsius et les degrés Kelvin ! La conséquence de ce refroidissement est essentielle : des grains de matière vont pouvoir apparaître !

Depuis, l'expansion se poursuit, et pour longtemps encore !

Petite pause ou plutôt, petite parenthèse…

Je m'adresse à toi, ami complotiste. En fait, tu n'es pas mon ami, tu me désespères quand tu vois des conspirations visant à dénaturer, discréditer et avilir ce qui t'échappe… Cela part d'un bon fond pourtant, du moins je m'autorise à le supposer, car je suis magnanime : c'est important le libre arbitre, la capacité de douter, la saine pulsion de vouloir lutter contre la manipulation, débusquer les manigances quand elles existent… Il faut toujours commencer par du positif lors d'une appréciation sur un bulletin scolaire, disent les profs ! Mais le couperet tombe ensuite…

En effet, il y a des limites que tu franchis allègrement. Tu diras, par exemple, qu'on n'est jamais allés sur la Lune ! Et cela même quand, avec un puissant télescope, on te montrera les réflecteurs lunaires (miroirs servant à calculer la distance Terre-Lune avec une précision millimétrique) déposés par des Américains lors des missions Apollo. Tu refuseras de l'admettre, arguant que c'est probablement un coup des extraterrestres ? De même, tu fermeras les yeux devant des images prises de l'espace, montrant la rotondité des planètes, dont la nôtre, criant au montage mensonger.

En outre, sais-tu que le réchauffement climatique n'est pas une conséquence de la fin de la guerre froide ? Avec cette question, je me suis permis de me moquer un peu de toi pour que tu te ressaisisses ! En réalité, j'en veux davantage à ceux qui te manipulent en utilisant une méthode affligeante : ils te noient insidieusement sous un déluge d'arguments spécieux. Les gourous de la sornette, de la fadaise, de la crétinerie, etc., trouvent toujours des victimes pour « faire des vues », récolter des « likes », se sentir exister, ou bien, pire encore, en tirer un profit quelconque.

Ouvre les yeux, ils sont débusqués : ce sont eux, en réalité, les maîtres de la machination ! Ce sont eux les complotistes ! Ils sont très forts, car leur dialectique met en pièces les personnes dont l'esprit tente aussitôt de faire face, à l'aide de connaissances trop fragiles pour pratiquer la contradiction efficace. C'est la raison pour laquelle l'inculture demeure un danger majeur, puisqu'elle crée des proies faciles. Je préfère te le dire tout de suite, Jean-Neymar (je t'ai reconnu !), tu vas vite me saouler quand, après chacun de mes articles, tu soupireras de la sorte : « Comment le savent-ils les scientifiques ? Ils n'y étaient pas ! C'est trop loin ! C'est trop ancien ! C'est impossible ! Etc. ».

Pour moi, c'est facile d'appréhender toutes ces choses, je vais à présent t'expliquer pourquoi. Je sais, par exemple, que l'être humain est capable d'aller sur la station orbitale internationale qui existe bel et bien, qu'il est capable de créer des vaccins efficaces, qu'il sait contrôler la fission nucléaire, qu'il crée de l'intelligence artificielle, qu'il commence à comprendre la complexité du monde des gènes pour lutter notamment contre les maladies orphelines, etc.

Et surtout, c'est essentiel, je sais que l'être humain, tel qu'il vient d'être présenté, outre le fait évident que c'est aussi une femme, ce n'est pas moi ! Il y a les génies, les brillants, les surdoués, les très perspicaces et enfin, toi et moi. Pour me rassurer, des amis très sympas (ils sont aussi là pour ça après tout) m'ont promis qu'ils appartenaient à ma catégorie : les curieux de tout ou presque, à l'esprit ouvert, mais qui resteront à jamais anonymes dans l'histoire des sciences, ou l'histoire de ce que tu veux de pertinent. En effet, je ne sais pas créer un vaccin contre la bêtise, utiliser la fission de l'uranium pour allumer mon barbecue, fabriquer une puce électronique pour suppléer les déficiences de mon cerveau, ni réinventer la machine à courber les bananes.

Pour autant, je m'en accommode bien, car je sais me contenter d'essayer de comprendre une fraction infinitésimale de « comment fonctionne le Monde ? ». Pour cela, je passe par des vulgarisations ou des divulgations. Je croise les informations en diversifiant les sources.

Je suis fasciné, non pas par les fake news (comme tu l'es), mais par tant de prouesses, surtout quand elles nous servent. C'est pourquoi je ne vais pas expliquer, chaque fois que j'évoque quelque chose d'extraordinaire, comment cela a été prouvé : des thèses sont là pour ça ; des scientifiques responsables et respectables ont consacré leur vie à consolider des théories. Il faut donc garder un minimum de confiance. Tout ce qui suivra a été vérifié, les expériences sont reproductibles. De plus, les mathématiques, sache-le, ne sont pas des billevesées, des calembredaines ou des fariboles, mais un langage universel aussi beau que puissant !

Enfin, Jean-Neymar, ce n'est pas parce que des choses te dépassent intellectuellement (et c'est notre principal point commun), qu'il faut les rejeter (cela nous différencie) : c'est une fuite, et même de la lâcheté ! Sois courageux, il faut accepter d'être bousculé et craindre l'idiocratie.

Fin de la parenthèse.

Je ne pense pas avoir été assez clair sur le cheminement chronologique du début du Cosmos : on sait remonter le temps, en partant d'aujourd'hui, et presque tout comprendre, tout près de l'instant zéro auquel on ajoute le temps de Planck. On peut dire que l'on effleure le but ultime, quel exploit ! De si peu ! Le plus fascinant devient le plus terrible : ce qui nous échappe n'est pas accessible. Un mystère fondamental de la science nous nargue, en nous fermant au nez une porte sur laquelle je lis : « Tu es trop limité pour comprendre, petit animal pseudo-intelligent, alors cherche encore ! ». Quelle frustration ! Attention, le terme animal n'est pas péjoratif.

Pour les scientifiques, ce mur de Planck correspond à une durée associée à une distance, la plus petite aujourd'hui concevable. Ainsi, la taille de l'Univers à cet instant correspondrait à la longueur de Planck ! Osons chiffrer et cela donne :

0, 000 000 000 000 000 000 000 000 000 000 000 01 mètre $= 10^{-35}$ m.

Les lois de la physique interdisent d'envisager plus petit que la longueur de Planck. Cette limite sera-t-elle revue un jour ? On connaît donc le diamètre de l'Univers sphérique quand le film commence du point de vue de la physique descriptive, fondée sur des connaissances, et non pas sur des spéculations.

Les spéculations sont basées sur des idées abstraites et pertinentes qui resteraient à prouver. Ce ne sont pas des délires pour autant. Ces hypothèses méritent d'être étudiées. J'ai utilisé l'adjectif sphérique pour décrire la géométrie de notre Cosmos : sans contraintes extérieures, partant de la source du Big-Bang, l'Univers en expansion ne pouvait croître dans toutes les directions qu'avec une forme de boule...

C'est au sein des structures du CERN, le Conseil Européen pour la Recherche Nucléaire, près de Genève, à la frontière franco-suisse que l'on teste le mieux la matière de l'infiniment petit, pour en comprendre la structure et les mécanismes. Dans le plus prestigieux de tous les laboratoires scientifiques, on détricote la matière à l'aide de puissants accélérateurs de particules.

On y trouve le LHC (grand collisionneur d'hadrons, *Large Hadron Collider* en anglais), un anneau gigantesque de 27 kilomètres de circonférence, enfoui à cent mètres de profondeur. Il est formé d'aimants supraconducteurs et de structures accélératrices qui augmentent l'énergie des particules qui y circulent. Les petits bolides se rencontrent lors de chocs terribles afin de révéler, entre autres choses, leur composition. On y fait des crash-tests quoi ! Sur ce circuit d'une longueur équivalente à un périphérique d'une ville moyenne, les corpuscules tournent à onze mille tours par seconde. Impressionnant, non ?

Cette entité, présente au temps t = 0, est nommée la « singularité ». Il s'agit de l'origine de l'Univers, mais ce n'est pas l'Univers. En effet, ce dernier possède des dimensions et un temps qui s'écoule. La singularité n'est pas non plus le Big-Bang, puisque ce terme désigne une sorte de chaos, mais pas sa source ; ce n'est pas la même chose ! On ne peut pas savoir si la singularité a un âge propre, ni pourquoi elle a engendré, en cessant d'exister sous sa forme initiale, notre Cosmos. Autre point troublant : la singularité est-elle singulière ou plurielle ? Je viens de relire ce paragraphe qui me laisse songeur…

Tout cela, il faut s'en accommoder ! Conséquence : bienvenue à présent dans le monde des spéculations scientifiques ! Pour ne pas m'embrouiller, les mystères peuvent être présentés ainsi : pourquoi et comment une énergie, capable de créer tout ce que l'on connaît de l'Univers actuel, a-t-elle pu tenir en un point ? Que s'est-il passé durant le temps de Planck pour que cette singularité périclite brutalement ? Peut-on se contenter de dire, pour saluer le terme Big-Bang, que ça ne pouvait que péter ? Ne m'en voulez pas d'être caricatural, l'essentiel est qu'on avance.

Parlons un peu d'Albert Einstein à présent, ce célèbre physicien qui n'a, en passant, aucun lien de parenté avec Franck Einstein ! Ne faites pas la fine bouche, je peux faire pire… Vous connaissez sa célèbre formule $E = mc^2$. Cette égalité fait le lien entre l'énergie (E) et la masse (m), donc la matière. La célérité de l'onde électromagnétique dans le vide est notée « c », elle est ici élevée au carré. Plus simplement, disons que « c » désigne la vitesse de la lumière.

$E = mc^2$ raconte qu'avec de l'énergie, on peut obtenir de la matière, c'est-à-dire des particules. Puis à terme, on peut aboutir à divers assemblages de ces dernières, plus ou moins complexes, telles les nébuleuses, ou bien encore les étoiles, les planètes, les océans, les fraises, les gaz à effet de serre, l'uranium, le miel, l'atmosphère, les coronavirus, les crottes de nez, etc. Non, pas les licornes ! Comme le disait le préambule, il n'y a rien de légendaire dans ce récit, que du réel !

Donc l'énergie incroyablement démesurée du Big-Bang fut suffisante pour engendrer notre Univers et sa matière. Le « E » de la célèbre formule s'est transformé en « m », et la réciproque existe tout autant.

De surcroît, Einstein a mis en équation l'espace et le temps en les liant : sa géométrie du Cosmos est faite de courbures et de distorsions ; on parle alors de la « théorie de la relativité ». C'est tentant de développer, mais je me dois de respecter mon cahier des charges, et rester en surface. Documentez-vous par vous-mêmes sur la « relativité restreinte » et la « relativité générale », mais attention, ces sujets deviennent vite complexes. J'en profite pour saluer les travaux remarquables de quelques passionnés et brillants vulgarisateurs, ainsi que ceux des physiciens de métier qui proposent, sur le Net, des vidéos aussi abordables qu'agréables à visionner.

Ce qui importe à ce moment précis de la narration, ce sont les notions d'espace et de temps. Pour se repérer dans l'espace, il faut classiquement une référence, ainsi que trois dimensions repérées sur trois axes distincts liés au référentiel. Par exemple, si votre auguste personne sert de référentiel, vous pouvez situer un objet proche avec du vocabulaire basique comme haut et bas, gauche et droite, puis avant et arrière. Il ne reste plus qu'à chiffrer les distances, en mètre par exemple. Ainsi, voici rapidement illustrées les trois dimensions géométriques. Mais cela ne suffit pas pour comprendre un Univers en expansion : le temps est lié à l'espace !

Les relativités d'Einstein ont été confirmées par des observations astronomiques et par des expériences, au CERN notamment ! Le problème est que cette physique bien huilée mène à des conclusions qui vrillent le cerveau. En effet, les belles équations sont des vérités indiscutables qui montrent que le temps et l'espace sont nés avec le Big-Bang. Et alors, quelle affaire, pourquoi s'angoisser ? Hé bien il est perturbant, de prime abord, de concevoir qu'à l'instant $t = 0$, il n'y a pas d'avant, ni d'à côté !

Comment cela, c'est du charabia ? L'Univers naît, puis s'étend… Alors seulement, le temps et l'espace, qui sont propres au Monde en pleine expansion, vont exister et évoluer, car ils en font partie intégrante. Parler d'avant le Big-Bang, ou de ce qu'il pourrait y avoir au-delà d'un volume en pleine croissance, quels que soient sa taille et son âge, n'a aucun sens. Ce n'est pas moi qui le dis, mais les lois de la physique confrontées aux conditions initiales extrêmes.

Ainsi, il est démontré, par la puissance des équations, qu'il n'y a pas de passé pour le Big-Bang. De plus, il n'y a pas de frontière supposant un voisinage, même du vide, car aucun volume ne peut exister en dehors d'un Cosmos qui le crée ! Eh oui, ça pique un peu, non ? Ce n'est pas faute de vous avoir prévenu !

Mais c'est aussi ce qui fait de la physique une discipline aussi fantastique qu'envoûtante. En effet, elle oblige, comme le disait le philosophe Gaston Bachelard, « à penser contre le cerveau ». Face aux concepts contre-intuitifs, il faut faire un effort pour remettre en cause nos conceptions initiales. Bachelard, qui versait autant dans les sciences que dans la poésie, ce qui est parfaitement compatible de mon point de vue, est l'incontournable icône de la didactique des sciences. Il a dit, entre autres : « On connaît contre une connaissance antérieure ».

Vous pensez peut-être que cela sent la poussière, le fait d'extirper de l'impressionnante barbe du vieux Gaston, des idées qui datent un peu. La crédibilité de l'estimable penseur est confortée par un événement révolutionnaire qui l'a bousculé au début du siècle précédent. Il a vécu l'arrivée de la physique quantique, avec la tempête que cela a provoquée, dès lors, dans tous les cerveaux de ceux qui s'y frottent pour la première fois.

La véracité et la force de son propos sont également mises en pratique. En effet, en classe, les valeureux professeurs mettent beaucoup d'énergie à déconstruire ce qui est bancal ou erroné chez les apprenants, pour mieux reconstruire ensuite. Il ne faut donc pas renoncer aux parcours d'obstacles, puisqu'ils mènent toujours à une récompense très satisfaisante, un plaisir intellectuel notable. Pour cela, il faut modeler notre cerveau et s'appuyer sur sa capacité à découvrir et inventer sans cesse. Toutefois, il faut aussi comprendre que les vérités scientifiques existent ni pour faire plaisir, ni pour satisfaire un élan naturel vers la paresse mentale.

Ici, avec un Big-Bang ne présentant ni d'avant, ni d'à côté, l'esprit lutte contre l'implacabilité des maths. Notre intelligence est mise à l'épreuve, puis nos fausses certitudes vacillent pour s'ouvrir à de nouveaux modèles. Attention, les sciences ne sont pas péremptoires ; elles se remettent en question dès que cela est nécessaire ! Pour autant, si le doute est propre à la recherche, alors il disparaît quand des questions claires obtiennent des réponses certaines, comme le fait que la Terre n'est pas plate.

Une vérité en physique, j'insiste, est éprouvée par des tests reproductibles à partir de principes qui fonctionnent parfaitement. Reprenons l'exposé et supposons, pour amuser notre esprit quelques instants, avec des idées pas si saugrenues, qu'il existe deux univers distincts. Alors, il est inconcevable de se poser les deux questions qui vont suivre. Quelle distance sépare les deux mondes ? Combien de temps faut-il pour aller de l'un à l'autre, à une vitesse donnée ? Il est probable que l'on n'en restera pas là, mais pas avant d'avoir surmonté l'épreuve de la lecture des pages restantes…

Pour l'instant, résumons nos frustrations par un : « C'est la faute d'Einstein ! ». Mais comme tout n'est pas définitif, heureusement, on peut d'ores et déjà pointer le fait que les prouesses d'Albert n'expliquent pas le monde quantique, celui de l'infiniment petit. Le talon d'Achille de ce génie fut sa réticence à admettre le bien-fondé de cette physique dite quantique. En effet, cela lui échappait quelque peu, et l'agaçait même souvent. Moi, c'est l'enchevêtrement des cintres dans ma penderie qui m'agace, vous voyez la différence de niveau…

Autrement dit, les théories d'Einstein ne s'appliquent pas au monde invisible de l'infime. Aujourd'hui, on ne comprend toujours pas les mécanismes intimes au cœur de l'infiniment dense ayant une température infiniment grande : on parle, je radote un peu, de « singularité » dans le jargon des physiciens. Le Saint Graal des chercheurs théoriciens est d'unifier, avec des lois, ce qui se passe dans chacun des deux infinis, au milieu desquels l'humanité s'agite. L'être humain, comme il aime à croire parfois, n'a donc pas le cul entre deux chaises, mais entre deux infinis !

Et si on appelait cette future loi : « Qu'est-ce qu'on fout là ? ». Donc, tout n'est pas désespéré, on avance… On fait confiance aux sciences pour élucider un maximum de bizarreries, tout en craignant que cela ne demeure à jamais une cible hors de portée.

Allez, je lève un peu le voile sur le fond du problème, sans creuser, promis ! Les physiciens ont compris que la description de tout ce qu'ils étudient dépend de quatre forces fondamentales. L'une d'entre elles, la force gravitationnelle a été théorisée par Einstein (c'est n'est pas pour rien qu'il est la vedette du chapitre). On lui doit cette formidable opportunité de remonter le temps, sur presque quatorze milliards d'années. Et cela, jusqu'au mur de Planck, rappelez-vous, cette barrière temporelle au-delà de laquelle on ne comprend plus rien, après que la singularité ne défaille, au temps t = 0. La raison est simple : remonter dans le passé en franchissant le mur de Planck, c'est devoir impérativement s'intéresser aussi aux trois autres forces, dont on pouvait faire l'économie jusque-là, car elles n'interviennent pas dans l'évolution globale de l'Univers dans son élan expansionniste.

Alors, les trois forces en question, que je vais nommer sans les décrire, la force forte, la force faible et la force électromagnétique, prennent une importance primordiale une fois franchi ce mur de Planck. Cela nécessite d'inventer ou de découvrir une physique qui unit les quatre interactions. Elles ne sont plus distinctes si près du Big-Bang, et très probablement hors de propos dans un monde sans particules : s'agirait-il en fait d'une seule et même « super force » indescriptible ?

Pour lier les deux infinis, il faut trouver comment réunir les travaux d'Einstein avec la fameuse physique quantique. À moins que cette dernière finisse par se révéler un jour plus fumeuse que fameuse… On attend pour cela le prochain génie ! Est-il né au moment où j'écris ? Je l'espère ! C'est vous jeune fille ? Jeune homme ? La science n'est pas genrée ! Vous n'êtes pas si jeune, et alors ?

Pour ne rien vous cacher, je viens de faire une longue pause afin de lire mes mails, et je vous livre le contenu de l'un d'entre eux. Un proche bêta-lecteur m'interpelle de la sorte :

« Salut Gromito, tu n'es vraiment qu'un gros menteur !

J'ai lu le début de ton baratin sur la physique, pour que je te donne mon avis, comme tu me l'as demandé. Eh bien, tu m'avais promis que j'allais comprendre ton roman et c'est même pas vrai ! Moi, je voulais lire des trucs d'Harry Stote, le cuistot grec avec ses quatre aliments, comme quoi le feu ça mouille et l'eau ça brûle, ou le contraire dans l'autre hémisphère… Bref, je suis très déçu, c'est pire que les deux autres sur le Net, Wikip et Dia.

Signé ton correcteur qui veut démissionner.

Jean-Donald

PS : épitapadi (du latin épitapadum ?) quel jour c'était la Saint Gularité, un lundi ou un jeudi, tu sais le jour où il a explosé le Big-Mac® ; et c'était plutôt le matin ou l'aprèm ? ».

Désolé, mais je suis perturbé par ce message. Je dois interrompre notre voyage cosmique vers ses origines afin de parer à l'angoisse de mon ami :

« Bonjour cher Jean-Donald ! Je tiens d'abord à te remercier d'avoir accepté de me relire pour me donner tes impressions. Certes, j'ai peut-être un peu enjolivé le projet à cause de mon sincère enthousiasme, en ne prenant pas suffisamment la peine de baliser le récit avec des messages de vigilance. En effet, certaines parties sont plus ardues que d'autres, il peut y avoir des passages abrupts, alors voici quelques recommandations :

– Le vol ne sera pas sans turbulences, tu n'y es pour rien. Surtout, cela ne remet pas en question ton discernement.

– Par respect pour le lecteur et pour le remercier de sa confiance, les registres de langage sont variés afin de ne pas rester au ras des pâquerettes.

– Tu n'auras aucun complexe à manifester, car j'avoue moi-même ne pas tout comprendre (je sais : ce n'est pas rassurant d'avoir un pilote qui avoue ses lacunes !).

– As-tu compris le message de Bachelard ? Ce que tu éprouves est normal !

– En cas de fortes perturbations qui seront rares globalement, voici quelques conseils :

> 1– Tu peux prendre le temps de relire lentement, c'est mon principal conseil, et personnellement, je l'applique dès que nécessaire.
>
> 2– Tu peux traverser en apnée en attendant un autre sujet qui te paraîtra plus sympathique.
>
> 3– Tu dois poursuivre jusqu'au résumé de fin de chapitre qui va définitivement t'éclairer.
>
> 4– Tu peux aussi, à la moitié de l'ouvrage, si cela demeure « ésotérique, abscons, abstrus » (clin d'œil au préambule), offrir ce texte à quelqu'un que tu n'apprécies guère, comme un ancien prof de physique, par exemple.

Très cordialement,

Petimito.

PS : ta question postscriptuminique pointe malicieusement du doigt la nécessaire humilité que doivent adopter les physiciens, car ils ne savent pas tout, loin de là ! Ces derniers te sauront gré d'avoir porté ta pierre à l'édifice des interrogations fondamentales qui marquent l'histoire des sciences. C'est pourquoi, pour te satisfaire, je te propose arbitrairement le 30 février pour la célèbre Saint Gularité ! »

C'était une urgence, n'est-ce pas ? Je vais tâcher de reprendre exactement où j'en étais.

La physique rencontre donc ses limites, et ainsi n'explique pas les causes du Big-Bang. En attendant, cela laisse le champ libre aux spéculations avec parfois des perspectives prometteuses. Vous avez peut-être entendu parler d'abstractions esthétiques, novatrices et brillantes ? Telle est, par exemple, la théorie des cordes : je donne là à manger à ceux qui veulent aller plus loin, en creusant par eux-mêmes.

Égoïstement, en vérité, j'espère transitoire cette tentative dans l'histoire des cheminements de la pensée scientifique. En effet, la théorie des cordes fait intervenir tant de dimensions (au moins dix) que cela me retourne le cerveau pour me laisser définitivement dans l'expectative. Mes capacités intellectuelles sont à l'opposé du thème. Assurément, mes compétences ne coudoient pas l'infini, contrairement à la capacité de nuire de l'être humain, soit dit en passant, mais c'est un tout autre sujet… Il existe une autre piste pour sortir du brouillard : il est vraisemblable que les mathématiques n'ont pas encore fourni tous leurs outils ? Alors bougez-vous un peu les matheux ! Arrêtez de jouer au nouveau Rubik's Cube à 113 faces !

La singularité est un truc dingue quand on y pense ? Il suffit de ne pas y penser alors ! Fin du chapitre !

Trop tard : je me suis imaginé que si j'avais une place dans le monde des sciences, avec une parole à porter, j'aurais qualifié cela d'anomalie en proposant de renommer le « Big-Bang » en

« Big-Bug ». Ce paquet d'énergie condensée semblait bien tranquille, avec l'éternité comme perspective, puisque je vous le rappelle, le temps n'existait pas. Je m'égare, le mot éternité n'a aucun sens non plus dans ce contexte ! Et puis, il n'y avait pas de voisinage pour risquer des interactions. Le bug, c'est donc le chaos qui a suivi, peut-être à cause d'une fluctuation quantique interne inconnue qui aurait mis le feu aux poudres ? Et oui, en ce moment, je spécule, à mon tour, en mangeant des spéculos…

Et Dieu dans tout ça ? Est-ce lui qui a allumé la mèche ? Ce serait une cause externe alors ? Mais il n'y a rien à côté, d'après Albert ! Dieu n'est pas un paramètre dans les équations, mais demeure une hypothèse à ne pas exclure, tant qu'on ne peut pas s'en affranchir par une preuve irrécusable. Et si on finissait par apprendre que c'est lui qui est responsable de cet embrouillamini initial ! Invoquer une entité omnipotente, pour pallier nos incompréhensions, semble une facilité intellectuelle. On peut même prolonger en s'imaginant qu'une entité toute-puissante peut également créer un univers où elle brille par son absence… ayant mieux à faire ailleurs ! Où cela ?

Alors le véritable Saint Graal de la physique serait-il de prouver l'existence du divin avec des théories écrites en langage mathématique ? Non ! Le physicien n'a pas la prétention de mettre du sacré dans ses équations, on touche là à quelque chose de personnel, d'impossible à réfuter, ni à confirmer. Et puis, il n'y a aucune incompatibilité d'ailleurs, entre « être croyant » et « être scientifique ». Il suffit de distinguer la recherche du « comment » de celle du « pourquoi ». Il ne faut pas confondre non plus, la physique et la métaphysique. Avec mes divagations, qui ne me sont pas propres pour autant, il y a peut-être de quoi énerver un croyant lambda, d'une confession quelconque, du moins je l'espère. Il ne faut pas renoncer à bousculer cet obscurantiste éclairé : bel oxymore ! La science aussi fait face aux adeptes de prosélytismes peu enclins à accepter que soient véhiculées des vérités qui les contrarient. De tout temps, les suppôts de l'intolérable intolérance se sont opposés à la diffusion de la connaissance, de l'instruction et du progrès.

Sans lien exagéré avec ce qui précède, je ne puis m'empêcher d'évoquer une anecdote amusante, la phrase de conclusion du pape Jean-Paul II, lors de son entretien avec le physicien Stephen Hawking : « Ce qu'il y a après le Big-Bang, c'est pour vous, et ce qu'il y a avant, c'est pour nous ». J'en reste là et je finis mes spéculos.

Telle la girouette, je change d'avis, je n'en reste pas là… J'ai trop envie d'évoquer un autre scénario. Et si notre Cosmos avait été créé après la contraction d'un précédent ? Un rebond ! C'est un modèle cosmologique sérieux, qui fait des émules respectables, mais n'est pas validé, car en cours d'investigation : la théorie du Big-Bounce (grand rebond). Un cycle est au cœur du concept : une alternance de Big-Bang et de Big-Crunch. Si la fin de l'expansion de l'Univers s'accompagne d'un retour en arrière, alors tout cela aboutit à un Big-Crunch. Les forces d'origine gravitationnelle sont capables, par attraction des masses, de faire se contracter un Univers qui n'aurait plus la force de grandir. Il faut s'imaginer le contraire d'un déploiement : un effondrement inéluctable débouchant sur l'ultime contraction, le Big-Crunch ! Qui produira quoi ? Bonne réponse : une nouvelle singularité ! Pendant combien de temps tiendra cette singularité avant qu'une quelconque chatouille ne vienne perturber son équilibre (j'ose la question de la durée) ? Donc un nouveau Big-Bang ? Ce qui est intéressant, c'est de songer à la variable « temps » qui trouve une autre perspective puisqu'on peut parler d'avant et d'après un Big-Bang cyclique…

Deux conséquences viennent immédiatement. D'abord, on peut faire l'hypothèse d'un nombre fini ou infini de rebonds, sans qu'on sache où on en est actuellement. Ensuite, on suppose plus simplement, et c'est actuellement à l'étude, que notre Univers serait issu d'un rebond, mais qu'il est bien parti pour être son dernier. En effet, l'expansion actuelle est si prodigieusement rapide (elle accélère), le Cosmos si froid, la prépondérance en volume du vide si grande, qu'il est sérieusement peu plausible d'aboutir à une future contraction de l'Univers, conduisant à un nouveau Big-Crunch. En passant, l'idée qu'une contraction provoque un accouchement (celui d'un nouveau Cosmos) m'amuse…

En fait, tapie dans on ne sait quelle ombre, la principale raison qui contrarie les perspectives est liée à la présence d'une énergie noire dont on a tout à découvrir. Si celle-ci venait à évoluer, le scénario du Big-Crunch pourrait peut-être remplacer celui d'une mort froide marquée par l'extinction progressive de toutes les étoiles. Mais cette énergie sombre, inhérente au vide intersidéral, ne se dilue peut-être pas avec le temps. Par ailleurs, sa probable propriété répulsive, c'est-à-dire antigravitationnelle, ne peut qu'accélérer l'expansion, semble-t-on observer…

De plus, si l'énergie du vide bouillonne de particules fantômes, alors on est loin de tout comprendre. Quand les choses nous échappent, l'imaginaire prend le relais. Cette conséquence demeure aussi sympathique que stimulante ! Avez-vous envisagé la part du rêve dans la recherche en sciences, notamment face aux mystères ?

Point de vue personnel : l'esprit campe en zone perturbée, car insatisfait ! En effet, ces histoires de rebonds n'expliquent pas davantage pourquoi, quand et comment tout cela commence. Tout au plus, peut-on assimiler une singularité à un prodigieux trou noir ? L'étude des trous noirs est-elle alors la clé ? C'est du teasing avoué (donc teasing pardonné) : en effet, un futur chapitre s'attellera à parler des mystérieux trous noirs, ces lieux à matière et à énergie condensée.

Mais que veut dire le terme « condensé » ? En physique, on utilise des termes comme la masse volumique ou la densité, avec l'eau comme repère. Un litre d'eau liquide a pour masse un kilogramme. L'expansion de l'Univers provoque sa dilution. À ses débuts, il était incroyablement dense ! Avec quelques données, cela devient plus clair. Passé le mur de Planck, un litre d'Univers (oui, c'est bizarre comme notion, il suffit de regarder ce que représente le volume d'une brique d'un litre de jus de fruit pour mieux visualiser) est 10^{94} plus lourd qu'un litre d'eau. Après un centième de seconde, un litre d'espace est équivalent à environ quatre cents millions de tonnes. Puis, après une seconde, on baisse encore pour arriver à environ quatre-cent-mille kilogrammes par litre d'Univers…

Étonnant, non ?

Que retenir ? Et si je faisais un résumé hypercondensé, une sorte de « singularité » textuelle, après chaque chapitre ?

(Définition – singularité :

Sens 1 – bizarrerie cosmique à ne pas contrarier.

Sens 2 – figure de style – procédé narratif que je me permets d'inventer afin de résumer le discours, de façon exagérée.)

Résumé du chapitre :

– Le Big-Bang désigne la naissance de l'Univers, et non pas son origine. C'est un « top départ » qui voit se succéder la brève et mystérieuse ère de Planck, puis l'étrange et presque aussi brève inflation cosmique. Ensuite, arrive l'expansion, bien plus facile à décrire en langage scientifique.

– L'origine de tout cela est une singularité, c'est-à-dire l'inexplicable présence d'une quantité d'énergie condensée, d'une chaleur infiniment grande, dans un volume infiniment petit.

– La conversion de l'énergie en matière est le lien entre la singularité primordiale et notre Monde.

– Il y a 13,8 milliards d'années, la singularité engendre un Cosmos dont l'expansion se poursuit, mais aucune certitude absolue, à ce jour, concernant le scénario final.

– Comment et pourquoi tout cela a-t-il pu se produire ? Trouvez la réponse et vous serez à jamais le plus célèbre des prix Nobel !

Chaque chapitre se terminera avec une citation en rapport avec les sciences.

Voici une conversation entre Chaplin et Einstein :

« – Ce que j'admire le plus dans votre art, dit Albert Einstein, c'est son universalité. Vous ne dites pas un mot, et pourtant… le monde entier vous comprend.

– C'est vrai, réplique Chaplin. Mais votre gloire est plus grande encore : le monde entier vous admire, alors que personne ne vous comprend. »

Dis donc Jean Buzz ... C'est quoi ce truc qui grésille là-bas ?
Eh bien ça, Jean-Neil, c'est une singuralité ! Trop cool ! On va la ramener pour allumer le barbecue !
J.N
J.B

2
Fiat lux, etc.

En 1964, aux États-Unis, dans le New Jersey, Arno Penzias et Robert Wilson détectent, par hasard, le fond diffus cosmologique. Ces deux astronomes américains voulaient transformer une antenne de télécommunication satellitaire en radiotélescope, afin d'étudier les ondes radio en provenance de notre galaxie, la Voie Lactée. Mais le réglage est fastidieux ! En effet, des parasites perturbent l'étalonnage de l'antenne... Penzas et Wilson veulent comprendre ce qu'ils ont détecté, soupçonnent que ce n'est pas anodin, et prennent contact avec des théoriciens qui sont déjà sur l'affaire : leur collaboration aboutira à un prix Nobel.

Les micro-ondes cosmiques captées ne sont, ni plus, ni moins, que le rayonnement fossile ! C'est donc la première lumière apparut après le Big-Bang qui nous provient de toutes les directions du ciel. Elle se présente comme la plus ancienne des lumières se propageant dans l'Univers, suite au premier feu d'artifice. Quel spectacle a posteriori !

Cette découverte marque définitivement la fin de la vision d'un Monde stationnaire, et valide le modèle du Big-Bang. L'étude de cet ensemble de rayonnements demeure fondamentale pour les chercheurs. Par exemple, s'il y a des traces d'hétérogénéité, alors il y a quelque chose à raconter : il faut gratter pour en comprendre les raisons. Ainsi, on y détecte d'infimes variations de températures significatives de fluctuations initiales qui seraient propres à expliquer la distribution de matière dans l'espace. En outre, une zone anormalement froide a été décelée provoquant l'hypothèse controversée de la trace d'un univers parallèle disparu. Il faut juste savoir que l'analyse du fond diffus cosmologique (FDC) est prometteuse. Qu'allons-nous apprendre prochainement ?

Pour appréhender le Cosmos, il faut l'observer tout en captant ses signaux, préférablement avec des instruments qui ne doivent pas être trop perturbés par notre atmosphère, ni par les rayonnements solaires. À tout instant, au sol ou embarqués, des outils optiques ainsi que d'autres dédiés aux analyses physico-chimiques, fonctionnent à plein temps. Chauffent des interféro-machins, des spectrobidules, et surtout des cerveaux humains. Ainsi, petit à petit, disparaîtront les précautions oratoires qui signalent honnêtement le manque de certitudes à propos de certaines connaissances ! L'humilité et la patience sont des qualités indispensables pour les traqueurs d'indices répartis dans l'Univers observable, afin de privilégier une piste, une hypothèse, et en abandonner d'autres.

En mai 2009, la fusée Ariane 5 a lancé le satellite européen Planck (ce nom doit vous rappeler le précédent chapitre) avec de puissants instruments d'observation pour l'étude du FDC. C'est une réussite qui fait progresser significativement la cosmologie et l'astrophysique. Ce sont les signaux dits électromagnétiques que l'on déchiffre le mieux. Parmi eux, on trouve les rayonnements ultraviolets, les infrarouges, les ondes radio, les micro-ondes, etc. Pour simplifier, les ondes électromagnétiques peuvent être classées en deux groupes : on y trouve d'une part la lumière visible, celle des couleurs, et, d'autre part, la lumière invisible scindée en diverses familles dont les micro-ondes du FDC actuel.

Avec l'expansion de l'Univers, la lumière fossile s'est diluée et refroidie (environ 3 000 degrés Celsius lors de l'émission, il y a fort longtemps, et -270 °C aujourd'hui, pour la réception). La baisse de température induit un changement de famille avec le temps : les physiciens mesurent cela avec la longueur d'onde.

Par ailleurs, il existe d'autres types d'ondes, comme les fugaces ondes gravitationnelles se propageant dans le tissu élastique de l'espace-temps. Probablement d'autres messagers restent encore à détecter, de nature inconnue à ce jour. Vous avez peut-être déjà entendu parler des mystérieux wimps de l'indétectable matière noire ? Non, je ne m'attarderai pas sur les tachyons qui iraient plus vite que la lumière, une sympathique et hypothétique fantaisie mathématique !

Étudier le ciel consiste d'abord à faire parler la lumière que l'on en reçoit, visible ou pas. On sait l'analyser finement et en déduire, par exemple, la composition chimique d'un lieu incroyablement éloigné. La lumière est composée d'une multitude de radiations. L'ensemble forme un spectre riche en informations. C'est ainsi que le fond diffus cosmologique est la photographie la plus ancienne offerte par l'Univers.

Pas si jeune je suis, alors pour cela peut-être, en ce moment, comme maître Yoda, ridiculement je m'exprime. Ainsi, ai-je connu, au siècle précédent, les antennes râteau qui fleurissaient laidement sur la plupart des toits, avant de disparaître progressivement, quand ont pris le relais les box des fournisseurs d'accès à Internet, associés à des décodeurs TV. J'ai donc connu l'époque de la neige sur l'écran, quand il n'y avait pas d'image. Eh bien, une partie de cette mosaïque agaçante, un faible pourcentage cependant, était due au fond diffus cosmologique capté par l'antenne. Amusant non ? Mais pouvez-vous demander à Jean-Kévin de cesser de tendre à bout de bras son râteau de jardin, dans l'espoir ridicule de « voir » le Big-Bang ?

Faisons un petit retour lexical vers le mot Big-Bang. Demandons alors, tel un sondage improvisé auprès d'inconnus dans la rue, les mots qui leur passent par la tête, si on leur parle d'une explosion ? En faisant un peu le tri, je suis certain qu'on trouvera souvent la notion de bruit, ainsi que celle de feu ou de lumière. Pourtant, le Big-Bang était muet et éteint. Relisez la phrase précédente : quel paradoxe !

En effet, le son a besoin de matière pour se propager et cette matière n'existait pas au tout début ; il n'y avait que de l'énergie ! Il en est de même pour la lumière constituée de photons qui sont absents à la naissance de l'Univers. Son et lumière ont raté la rentrée, et manquent à l'appel. Je vous avais prévenu que tout cela était déconcertant, dixit le préambule !

Poursuivons ce chapitre en l'éclairant (bof !) un peu : comment expliquer l'existence du fond diffus cosmologique ? Pour cela, il faut préciser quand naît la lumière primitive. Au préalable, on ne peut pas faire l'impasse d'une autre question : comment apparaît la matière, source de cette lumière ?

La matière est constituée d'atomes, vous inclus. Un atome est constitué de deux parties principales. Il est porteur d'un noyau central autour duquel un ou plusieurs électrons sont en mouvement. À partir du Big-Bang, en à peine trois minutes, 99 % de la matière actuelle se forme. Cette étape est appelée « la nucléosynthèse primordiale », avec une température de l'ordre de dix milliards de degrés ; votre défi est de placer ce terme demain dans une conversation. Ainsi, la nucléosynthèse désigne la formation des noyaux primordiaux. Les électrons sont bien là, eux aussi. Alors les deux parties constitutives d'un atome existent, mais ne s'allient pas encore.

Dans la soupe d'énergie originelle, la baisse progressive de la température fait apparaître des grumeaux : on dira plutôt des particules ! Les électrons cohabiteront longtemps avec des noyaux d'hydrogène et d'hélium sans réussir à s'associer en atomes, car la température est trop élevée, provoquant une agitation trop importante. Pendant ce temps, la lumière est couplée avec les particules comme prisonnière. Elle participe à un jeu de ping-pong entre les grains de matière élémentaires, en prenant le rôle d'une balle dont le comportement est curieux, puisqu'elle apparaît pour disparaître, sans cesse.

Quand les électrons finissent par entrer en interaction avec les noyaux pour former des atomes stables et électriquement neutres, la lumière est enfin libre : elle se propage ! C'était 380 000 ans après la naissance de l'Univers. L'espace était alors mille fois plus petit qu'aujourd'hui, et sa température valait à peine 3 000 °C. Le premier feu d'artifice est ainsi daté : la lumière fossile que l'on capte aujourd'hui provient de cette époque. Par conséquent, ce n'est pas une lumière qui jaillit lors du Big-Bang, ni très près du fameux instant zéro, puisqu'elle a attendu environ trois-cent-quatre-vingts millénaires pour voyager librement.

Retenons ceci : les travaux en physique théorique ont permis de prévoir et dater ce rayonnement fossile, puis l'observation a permis de le détecter, puis confirmer tous les paramètres le concernant. Ainsi le Big-Bang n'est plus un modèle spéculatif. Il n'est plus guère remis en question grâce aux preuves dites « observationnelles », comme le rayonnement du fond diffus cosmologique, ou bien la fuite des galaxies en lien avec l'expansion.

La propagation de la lumière a une conséquence majeure : l'Univers devient alors transparent. Avant, il était sombre malgré la présence des photons, ces corpuscules étonnants qualifiés de quantum d'énergie. Plus simplement, la lumière est un flux de particules : ce sont les photons qui ont la particularité d'être dépourvus de masse, mais pourvus d'énergie. Pas besoin de virus pour subir un confinement, radotent les vieux photons, à propos des 380 000 premières années du Cosmos !

Bref, avant d'y voir clair, l'Univers était un plasma, c'est-à-dire un fluide de matière dans lequel baignaient des photons, des électrons et les noyaux des futurs petits atomes. Les noyaux sont formés à partir de protons et de neutrons, eux-mêmes constitués de quarks. Ce plasma était en attente d'une recombinaison interne, d'une organisation, d'une structuration de la matière. La formation des atomes d'hydrogène et d'hélium, toujours constituants ultra-majoritaires de la matière connue dans l'Espace, libère la lumière prisonnière d'une bouillie de matière jusque-là trop chaude.

Environ cent à deux cents millions d'années après le Big-Bang naissent les premières étoiles, après concentration d'un gaz constitué essentiellement d'hydrogène, un peu d'hélium et très peu de lithium. Ces nuages gigantesques s'effondrent sur eux-mêmes sous l'effet de la gravitation. Puis ils s'allument en étoiles géantes au cœur desquelles règne la fusion thermonucléaire. La plupart exploseront quelques centaines de millions d'années plus tard, pour disséminer les atomes plus lourds qu'elles ont engendrés. D'ailleurs, une explosion d'étoile est génératrice de noyaux encore plus gros. L'organisation en galaxies survient après 400 millions d'années.

Notre Soleil est une étoile de seconde génération qui a trouvé sa matière à partir de cadavres stellaires. Ces dépouilles prennent la forme de nébuleuses comme fruits des explosions des étoiles primitives.

Prolongeons la réflexion, façon corollaire : l'Univers observable n'est pas l'Univers entier. On ne va pas en rester là... Évident ou pas, il faut développer un peu, en s'intéressant à la propagation de la lumière.

La lumière, comme toutes les ondes électromagnétiques, voyage à 300 000 kilomètres par seconde dans le vide interstellaire. Avec davantage de précision, pour faire le malin, cela donne : 299 792 458 mètres par seconde. C'est quasiment la même célérité dans l'air. Cela peut sembler impressionnant si on se dit qu'un déplacement à cette vitesse, autour de la Terre, nous en ferait faire sept fois et demie le tour, en une seule seconde.

Pourtant, cette vitesse n'a rien de faramineux à l'échelle cosmique tout entière. Imaginons une étoile qui a explosé il y a fort longtemps, de telle sorte qu'une partie de la lumière qu'elle a projetée dans toutes les directions est captée aujourd'hui, par nous, les Terriens. Alors, si le voyage de la lumière issue de cette explosion a mis un milliard d'années pour nous parvenir, nous affirmerons immédiatement que cette étoile était située à un milliard d'années-lumière, au moment de son explosion.

L'année-lumière est donc une distance, pas une durée, ni une vitesse ! Cette distance correspond à la longueur du trajet parcouru par la lumière au bout d'un an, dans le vide. Par conséquent, plus on regarde loin dans l'espace, et plus on regarde dans le passé. Cette dernière phrase est connue et mérite d'être relue !

Prenons un grand classique : intéressons-nous à la lumière produite par le soleil. L'astre solaire est une source primaire de lumière, car il l'a produite avant qu'elle mette cinq-cents secondes avant d'arriver jusqu'à vos rétines. Vous voyez donc notre étoile préférée en différé. Faites gaffe quand même à ne pas l'observer directement, quand elle prend un peu de hauteur au-dessus de l'horizon, car elle est agressive mémère, malgré son grand âge, c'est-à-dire cinq milliards d'années ! À la fin de la journée, assis sur une plage du Grand Ouest, face à la mer, si on perçoit à l'horizon les derniers rayons rougeoyants du Soleil, ou mieux, son subjuguant rayon vert, alors, en réalité, il a disparu depuis huit minutes et vingt secondes (je vous évite en passant, la conversion des 500 secondes).

Caricaturons à présent : tenez-vous bien, tenez-vous mieux (je ne dis pas cela pour être désagréable, je me fais du souci pour vos lombaires) ! Disons que vous observez vos mains et vos pieds, de telle sorte que vos orteils sont un mètre plus loin que vos doigts par rapport à vos yeux. Conclusion : vos pieds sont plus vieux que vos mains ; il y a un problème de simultanéité !

Pour qu'un objet soit vu, il doit être une source de lumière. Cette source est primaire quand elle produit ses propres rayonnements, telle la luciole ou une étoile, et diffusante quand elle renvoie une partie de ce qu'elle reçoit, telle la Lune ou votre nez. La lumière provenant de vos mains parvient à votre rétine avant celle de vos pieds, à partir du même top départ. En effet, rappelez-vous et retenez cette chouette phrase : « Voir loin, c'est voir dans le passé ! ».

Quelle bonne nouvelle ! C'est comme si on avait trouvé la machine à remonter dans le temps ! Certes, il faut relativiser, oublions tout de suite la blague des pieds et des mains qui ont bien le même âge (celui de vos artères ?). À la vitesse de la lumière, le décalage temporel de perception dû au mètre d'écart, correspond à une durée d'environ trois milliardièmes de seconde, c'est-à-dire trois ridicules nanosecondes.

Mais pour le Soleil, situé à cent cinquante millions de kilomètres, la lumière met bien un certain temps à voyager jusqu'à nous. Par conséquent, à l'échelle de l'Univers, admettez que la lumière se traîne un peu… Traverser notre galaxie à cette vitesse nécessiterait 100 000 ans puisque son diamètre est de 100 000 années-lumière. Enfin, pour mieux se rendre compte de ce que cela représente concrètement, sachez qu'une année-lumière vaut environ dix-mille-milliards de kilomètres.

Voici une dernière illustration qui succèdera à cette petite question de culture générale scientifique : Proxima du Centaure est-elle l'étoile la plus proche de la Terre ?

Réponse : non, puisque c'est le Soleil ! La naine rouge *Proxima Centauri* (pour faire savant, ça en jette le latin, vous aimez le titre du chapitre ?) est l'étoile la plus proche… du Système solaire. Si on partait en ligne droite vers Proxima b, l'exoplanète rocheuse en orbite autour de sa naine colorée, il faudrait se préparer à un voyage d'une distance de 4,3 années-lumière. En restant optimiste, en adoptant ce qui se fait de mieux, à l'aune des technologies actuelles, 80 000 ans seraient nécessaires pour y parvenir, à la vitesse des sondes spatiales, 60 000 km/h. Ça calme, non ?

Ainsi, le coin galactique le plus proche, hors Système solaire, semble déjà inaccessible, du moins à l'échelle d'une vie humaine. Nos espoirs d'aller explorer d'autres mondes, à la « Star Trek », notamment pour savoir si nous sommes seuls au Monde, en prennent un coup ! On veut tous savoir, je présume, si l'être humain, ou plus simplement la vie sur Terre, est une anomalie dans l'Espace, ou bien s'il existe des intelligences extraterrestres. Avez-vous un avis concernant cette perturbante interrogation : sommes-nous seuls dans l'Univers ?

À ce propos, voici ce qu'en pensait Enrico Fermi, en 1950, un théoricien récompensé plus tôt, en 1938, d'un prix Nobel pour des travaux exempts d'Aliens. Ce type de sujet a longtemps été considéré comme futile et discréditait le sérieux de celui qui réfléchissait ouvertement sur le bien-fondé de leur existence…

Le paradoxe de Fermi peut être formulé ainsi : s'il existait des civilisations extraterrestres, leurs représentants devraient déjà être parmi nous !

Voici le raisonnement. Sans aller se perdre dans les deux mille milliards de galaxies, restons dans la nôtre. En effet, la Voie Lactée renferme déjà des milliards de planètes qualifiées d'exoplanètes, parmi lesquelles certaines ressemblent à la Terre. Statistiquement, il est incroyablement peu probable qu'une vie intelligente ne se soit pas développée ailleurs. Mue par divers impératifs, comme la survie ou l'exploration, cette civilisation a pu coloniser les systèmes stellaires selon une progression exponentielle, pouvait estimer Enrico Fermi, habitué aux calculs rapides par ordres de grandeur : même avec une locomotion très largement inférieure à celle de la lumière, entre dix et cent millions d'années suffisent.

Les calculs à la louche sont rapides et souvent satisfaisants pour apprécier globalement les choses quand la précision est superflue. Dans la foulée, il est nécessaire d'estimer la marge d'erreur, ce que savent très bien faire les physiciens en fonction des paramètres. Par exemple, concernant le nombre de vos cheveux, une estimation suffit bien, en connaître le nombre précis est accessoire, surtout s'ils tombent… Pour en revenir à Enrico, son petit calcul a déçu plus d'un rêveur !

L'humanité a les moyens techniques d'envoyer et de capter des signaux depuis très peu de temps. L'être humain est technologiquement un bébé. Par exemple, le premier pas sur la Lune remonte seulement à un demi-siècle, et Fermi raisonnait sur des durées en millions d'années. Alors, il est important de prendre en considération l'âge de notre galaxie. En effet, ses dix milliards d'années d'existence sont suffisamment longues pour laisser éclore des extraterrestres aux mœurs vagabondes possédant des moyens de communiquer dont on pourrait intercepter quelques traces.

Par ailleurs, faut-il craindre l'existence d'une civilisation galactique hostile ? La question se pose aujourd'hui, sans honte ! Des débatteurs sérieux en discutent, nous mettent même en garde, nous invitent à rester discrets. Des moyens importants sont déployés pour écouter l'espace. On va clore ce paragraphe avec trois options. Premièrement, les Aliens n'existent pas. Deuxièmement, ils existent, mais ne savent pas encore communiquer à longue distance, telles de simples esquisses de bigorneaux. Troisièmement, ils sont coutumiers des visites et les pratiquent en toute discrétion, n'ayant cure, pour l'instant, des sous-développés sans intérêt que nous sommes…

Avec la première de ces trois pistes, l'occasion est propice pour rappeler le principe de parcimonie. Les philosophes l'appellent le rasoir d'Ockham. L'hypothèse heuristique en question invite à considérer en premier ce qui est le plus simple.

C'est efficace, réaliste mais parfois décevant, sauf si on souvient que ce principe autorise les exceptions... Ouf !

Or, il existe un danger à s'orienter vers ce qui est le plus simple. En effet, il s'agit de ne pas confondre simplicité et simplification. Autrement dit, il faut aussi distinguer ce qui est simple de ce qui est simpliste : ceci est clairement une alerte face aux prédicateurs manipulateurs de toutes obédiences. Désormais, sur nos réseaux sociaux, la notion de dogme n'est plus l'apanage de la philosophie et des religions. Ainsi, les néo-jusqu'au-boutistes, du gentillet écologiste extrémiste qui souhaite un retour à un mode de vie préhistorique, à l'irresponsable climatosceptique, en passant par le ridicule platiste, ou bien le terrifiant fasciste, ont parfois recours à dessein à la simplification pour atteindre le simplisme, outil non scientifique d'embrigadement.

Voici un exemple : j'affirme que le réchauffement climatique est une illusion, car l'an passé, à Paris, fin mai, il a fait frisquet, alors que d'habitude, en cette saison, on y connaît des températures 5 degrés plus élevées. Je vous laisse démonter cette allégation !

C'est bien la lumière qui nous a menés vers des sujets tels la neige sur les écrans des télévisions du vingtième siècle jusqu'à s'interroger sur l'existence d'E.T. Revenons tout de même au fameux fond diffus cosmologique. Maintenant que l'on sait parler en année-lumière, on comprend que le fait de capter ce rayonnement fossile revient bien à remonter dans le temps.

Dans un exemple pris précédemment, celui d'une étoile qui explosait il y a un milliard d'années, j'ai pris une précaution. J'ai précisé qu'elle était située à une distance d'un milliard d'années-lumière de la Terre, au moment de l'explosion. Expansion oblige, ce lieu s'est éloigné de la Terre depuis. Eh oui... Ainsi, on pourrait dire, sans réfléchir, que si le Big-Bang a 13,8 milliards d'années, alors l'Univers est inscrit dans une sphère ayant 13,8 milliards d'années-lumière de rayon. Ce qui est faux, car depuis, ce Monde a bien grandi. De plus, l'expansion s'accélère ! L'estimation actuelle de la taille de l'Univers observable propose un rayon de quarante-six milliards d'années-lumière.

Et puis, il n'y a pas de centre au grand tout ! Ou plutôt, n'importe quel endroit de l'Univers est central. Voici la perspective à saisir : si nous étions à l'intérieur d'un ballon de baudruche en train de gonfler, c'est-à-dire en expansion, n'importe quel point à sa surface s'éloignerait de nous, quelle que soit notre position à l'intérieur du ballon. C'est ainsi que, par analogie, l'Espace gonfle, et vous pouvez considérer légitimement en être le centre, sans qu'on puisse vous contredire ! Se prendre pour le centre du Monde : étonnant, nombriliste, mais sympa ce point de vue, n'est-ce pas ?

De surcroît, pourquoi coller l'adjectif observable au mot « Univers » ? C'est tout simplement parce que ce dernier est plus grand que celui qui existe depuis qu'il est transparent, puisqu'on ne le voit pas avant qu'il fête ses 380 000 ans (un jeudi, je crois ?). Avant cette date règne l'Univers sombre qui ne délivre aucun message étant donné que le fond diffus cosmologique signe la trace des premiers photons voyageurs.

De plus, un problème se pose au-delà de l'Espace observable et lumineux. En effet, l'Espace invisible grandit à une vitesse supérieure à celle de la lumière dans le vide, sans pour autant contredire la physique des particules. Comme déjà évoqué, la lumière garde tout de même sa constante de déplacement en un lieu qui subit une expansion la dépassant en célérité. Un rayonnement provenant d'un tel lieu ne pourra jamais nous atteindre : c'est comme vouloir rattraper quelqu'un qui court plus vite que vous. Pire encore : les galaxies les plus lointaines sont sujettes à une accélération qui conduit, à terme, à leur basculement dans une zone inobservable. En effet, leur éloignement par rapport à nous finit par les placer dans un espace à croissance subluminique.

Ce n'est pas une bonne nouvelle : les informations les plus lointaines se perdront inexorablement. Il est donc impossible de faire une estimation de la taille de l'Univers tout entier ! Mais pour celui dit « observable », rappelons que son rayon avoisine les 46 milliards d'années-lumière : un beau volume qui offre suffisamment de perspectives pour des voyages...

Alors, il faudra aller chercher du côté des ondes gravitationnelles pour en savoir plus, ainsi qu'une physique qui reste à développer. Sinon, on ne saura jamais rien sur cette partie invisible, à commencer par trancher définitivement sur sa finitude ou son infinitude !

Il apparaît une certaine structure dans l'organisation de l'Univers. Ainsi, mon adresse (la vôtre ?) est :

– France

– Europe

– Terre

– Système solaire (le Soleil est l'étoile de notre système stellaire)

– Bras d'Orion (notre galaxie est spiralée et présente des bras, nous sommes des banlieusards, loin du centre galactique)

– Voie Lactée (les étoiles appartiennent à des regroupements appelés galaxies et la nôtre contient entre 200 et 400 milliards d'étoiles)

– Groupe local (une soixantaine de galaxies forment un petit paquet ainsi nommé : c'est un amas de galaxies)

– Superamas de la Vierge (groupement plus vaste, formé d'amas)

– Laniakea (groupe supérieurement plus grand, un superamas qui contient d'autres superamas, et dernière étape de notre adresse cosmologique), le nom de ce supercontinent céleste signifie « horizon céleste immense » ou « paradis incommensurable » en hawaïen.

Notons que les superamas s'articulent en filaments et ses représentations montrent des points lumineux. Ces loupiotes ne sont pas des étoiles mais des amas de galaxies comprenant des milliers de milliards d'étoiles, parmi lesquelles, notre valeureux Soleil fait partie des plus modestes en taille. Pour relativiser, et afin de ne pas trop dénigrer les dimensions de notre étoile, il faudrait tout de même un bon million de planètes Terre pour occuper le volume du Soleil, dont la masse représente tout de même 99,9 % du Système solaire, avec tout le bazar qu'il contient.

Et nous, dans tout cela, toujours perdus entre deux infinis ? Voici un sujet de réflexion troublant : ces deux infinis sont lacunaires ! Ce point commun signifie qu'ils sont composés essentiellement de vide… En outre, nous sommes le siège d'un troisième infini, l'infiniment complexe : la vie, l'ADN, le cerveau humain… Pensez à ce petit paragraphe au moment de vous coucher ce soir, et je vous souhaite de belles réflexions qui orienteront vos songes.

Est-il possible de parler de tout cela à n'importe qui ? Apparemment non ! Un pourcentage non négligeable d'individus, ceux qui voient des complots partout, et à tout propos, n'ont que faire des preuves ! Je vous propose une bêtise sous forme d'hypothèse (restons dans la science) : ceux qui croient que la Terre est plate, les fameux platistes, ont-ils un cerveau plat ?

Quand on argumente en faveur de la vérité, on comprend la phrase d'Einstein qui avait constaté qu'il est « plus facile de briser un atome qu'un préjugé ». C'est pourquoi, sur les chaînes info en continu, on n'invite pas les vrais scientifiques. En effet, cela n'intéresse personne qu'un scientifique raconte que le doute fait partie de la recherche et qu'il faut être patient avant qu'une vérité ne s'impose. On préférera faire parler quelqu'un qui ne doute pas de ses affirmations, sans preuves, et dont le seul aplomb est considéré comme un gage de sérieux. Trop de gens ont peur de l'incertitude dans un monde trop pressé. Ce petit détournement d'attention se termine par cette mise en garde : ce chapitre est certainement le plus complexe, le voyage sera ensuite bien plus paisible. En attendant, bravo pour votre courage !

Vous percevez facilement la courbure d'une bille dans votre main. Normal puisque la bille est plus petite que vous ! Alors il est facile d'affirmer que la bille est sphérique. C'est plus difficile concernant la Terre pour un observateur lambda, mais faisable. D'ailleurs, il y a 2 200 ans, le grec Ératosthène a réussi l'impressionnant tour de force, par une méthode ingénieuse, d'estimer la circonférence de la Terre qu'il savait sphérique, sans posséder nos moyens ! Mais au plus loin que l'on puisse s'imaginer s'étendre l'Univers, alors sa courbure tend petit à petit vers l'infini. Et une courbure qui tend vers l'infini… c'est plat ! Conclusion : un Univers plat signerait-il une victoire des platistes ? Horreur !

Malheureusement, ce chapitre va se terminer en semant à nouveau le trouble, en évoquant une entité bien réelle et désespérément mystérieuse : la matière noire ou matière sombre qui constitue peut-être l'essentiel de l'Espace... Pire encore, on a découvert une énergie noire (cette couleur est rapidement associée à l'indicible en sciences), et on suppose qu'elle provoque l'accélération de l'Univers qui n'était pas censé s'emballer ainsi ! Saisir la physique de ces nouveaux protagonistes fera faire un bond en avant considérable dans la compréhension de l'évolution du Monde qui nous héberge.

« Troublants trous noirs » : expression plus cocasse à l'oral qu'à l'écrit ! Merci fiston de m'avoir suggéré cette entrée. Alors voici encore du noir, donc cela devrait logiquement déboucher sur une impasse… Normal : que trouve-t-on comme issue pour les trous noirs ? Réponse : une singularité !

Quand une très grande étoile s'écroule sur elle-même en fin de vie, un trou noir peut se créer, mais ce n'est pas le seul moyen d'obtenir ce captivant objet cosmique. Il peut aussi être la conséquence d'une union entre deux étoiles à neutrons qui sont des cadavres d'étoiles, à l'issue d'un scénario particulier. D'une façon générale, la mort d'une étoile se manifeste par l'activation d'un des divers mécanismes funestes, en nombre restreint, qui dépendent de la taille, de la masse et de la température de l'astre. Ainsi notre Soleil finira, dans au moins cinq-milliards d'années, en naine blanche, comme la plupart des petites étoiles. La matière d'une étoile à neutrons, pas si loin d'être un trou noir, est si dense qu'une coque de téléphone fabriquée dans cette matière pèserait un milliard de tonnes. La collision entre ces entités cosmiques est d'une violence incroyable.

Peu importe le procédé, le trou noir qui en résulte possède une masse méga-giga-ultra compacte. Invisible, le trou noir tourne sur lui-même. On ne voit que son pourtour lumineux provenant de la matière trop proche en cours d'absorption. Les corps aspirés, les étoiles avalées, émettent des rayons X qui signent la présence du trou noir.

L'attraction gravitationnelle, orientée vers le centre du trou noir est si colossale que la lumière ne parvient pas à s'en échapper, d'où la couleur de son appellation ! « Pouvoir s'échapper », en physique, signifie calculer une vitesse dite de « libération ». Pour comprendre cette notion particulière, sachez que, pour quitter la Terre et vaincre la gravitation engendrée par sa masse, il faut qu'une fusée atteigne 11,2 kilomètres par seconde, soit environ 40 000 km/h.

Un saut vertical ne vous fera pas quitter la Terre, soyez rassuré, vous êtes loin des 11,2 km/s, malgré votre respectable tonicité. Idem pour votre basketteur préféré, il retrouvera le parquet et ne finira pas satellisé après son dunk. Pour quitter notre satellite naturel, la Lune, une vitesse plus faible suffit, car sa masse est inférieure à celle de la Terre : 2,4 km/s ou 8 600 km/h environ. Un hypothétique voyage qui nous ferait raser le Soleil exigerait que notre moyen de transport puisse atteindre un peu plus de deux millions de km/h pour échapper à l'attraction fatale, ce qu'aucun moyen de propulsion actuel n'est capable de faire !

Pour faire ces calculs, il faut connaître la masse et le rayon du corps céleste. La densité de matière est liée à ces calculs. Les trous noirs possèdent des vitesses de libération bien au-delà de la célérité de l'onde lumineuse, c'est pourquoi aucune lumière ne s'en échappe. Il en est de même à proximité immédiate d'un trou noir. Comme les forces d'interactions gravitationnelles sont inversement proportionnelles au carré de la distance (coucou Isaac Newton, je reviendrai à toi plus tard !), on dira simplement que, plus on s'éloigne du monstre galactique, et plus l'attraction diminue.

Ainsi, en périphérie du trou noir, existe une surface sphérique immatérielle qui marque une frontière appelée « horizon du trou noir » au-delà de laquelle la lumière peut se propager, puisque la vitesse de libération y est enfin inférieure à 300 000 km/s. Alors la lumière n'est pas seulement prisonnière dans le trou noir, mais également dans son environnement proche, terriblement attractif d'un point de vue gravitationnel, jusqu'au fameux horizon.

Avant qu'on ne localise les trous noirs, il y a un demi-siècle, on les subodorait, car la théorie de la relativité générale avait comme conséquence leur existence. Le trou noir est le stade ultime de l'effondrement gravitationnel qui comble le colossal espace vide au cœur des atomes. Vous ne serez pas étonné si je vous dis que les équations d'Einstein sont à l'œuvre. Elles tentaient de décrire ces dévoreurs d'étoiles trop proches, bien avant qu'ils ne fussent observés.

Karl Siegmund Schwarzschild, astrophysicien allemand, engagé sur le front russe comme artilleur, lors de la Première Guerre mondiale, fit de brillants calculs sur la courbure de l'espace-temps, pour tuer le temps, entre autres. Il put correspondre avec Einstein par voie épistolaire en 1916. Ce dernier fut brièvement rapporteur des travaux de Karl Siegmund qui mourut cette même année.

La formule du rayon de Schwarzschild permet d'appréhender cette idée nouvelle d'une matière si compacte constitutive des trous noirs. Ainsi, la Terre devrait être réduite à la taille d'une bille, en gardant bien évidemment sa masse, c'est-à-dire, en kilogrammes, un 6 suivi de vingt-quatre zéros, pour ne pas laisser s'échapper sa lumière de surface, ou quoi que ce soit d'autre. Pour le Soleil, son diamètre serait réduit à trois kilomètres, sa masse en kilogrammes valant le chiffre deux suivi de trente zéros.

C'est pénible de lire ou d'entendre régulièrement qu'il n'est pas possible de voyager à la vitesse de la lumière sans la moindre explication, comme s'il fallait toujours admettre les vérités de la physique sans sourciller ! Détendez alors vos sourcils, la raison est encore liée au discours d'Albert ! Ainsi, pour gagner en vitesse, un véhicule se doit d'accélérer. Pour cela, il lui faut de l'énergie et, en l'occurrence, pour n'importe quel moyen de transport, atteindre la vitesse de la lumière nécessite une énergie infinie.

En effet, non seulement, plus on va vite et plus il faut de l'énergie, mais également, plus un objet accélère, et plus il s'alourdit. Le surcroit de masse tendrait aussi vers l'infini s'il fallait atteindre la célérité de la lumière. Voilà ce que raconte la théorie de la relativité qui révèle donc une impasse ! Mais si vous souhaitez davantage d'explications, il faut faire un peu de mathématiques…

Je n'en ferai rien, même si cela me démange ! Sachez que dans le LHC, la curieuse piste d'athlétisme pour particules du CERN, quand on accélère une particule pour qu'elle approche la célérité de la lumière, on mesure son accroissement de masse, comparée à celle qu'elle possède au repos.

Pour les trous noirs super massifs, on raisonne parfois en milliards de masses solaires hypercondensées. Cela donne un ordre de grandeur pour la masse de cet objet époustouflant. S'il faut n'en citer qu'un, au centre de la Voie Lactée se trouve le trou noir supermassif nommé Sagittarius A*. Il siège en direction de la région zodiacale du sagittaire. Sa masse est estimée en millions de masses solaires. On trouve au bas mot, plusieurs dizaines de milliers de trous noirs, au minimum, dans notre galaxie. Avec deux mille milliards de galaxies dans l'Univers observable, osons dire que c'est presque un corps céleste banal, finalement !

La relativité générale dévoile une configuration, appelée « trou de ver », telle que deux trous noirs pourraient être reliés, permettant hypothétiquement de voyager très loin, très rapidement, et même dans le temps. Existe-t-il des particules, corpusculaires ou non, qui en usent ? Peu probable, peut-être, mais palpitant pour des récits de science-fiction. Quand la physique offre sa part de rêve en lien avec le grandiose spéculatif, je vous laisse visualiser le tableau animé suivant, par la force de votre imagination : songez à des milliards de dévoreurs d'astres disséminés dans le Cosmos, qui convergent pour nourrir une singularité, en gestation, si avide qu'elle ne se contente pas d'un seul univers pour l'approvisionner !

En outre, le trou noir n'est pas si noir depuis que Stephen Hawking a montré qu'il émettait un rayonnement qui porte son nom. Il ne s'agit pas d'une lumière visible ! La mécanique quantique est nécessaire pour comprendre une sorte d'évaporation traduite par une perte de masse subie par cette matière compacte. Contrairement à ce que la relativité générale prévoit, à savoir qu'aucun rayonnement ne sort d'un trou noir, le modèle doit être complété avec la mécanique quantique et la thermodynamique. On parle alors d'entropie, et de fluctuations quantiques du vide. Je ne me lance pas plus avant, mais ce rayonnement Hawking est si faible qu'il est indétectable en provenance de l'espace. C'est en laboratoire que l'on déchiffre expérimentalement tout cela, en tentant de simuler des analogues de microscopiques trous noirs.

Pas si noir, donc, ce trou, et pas un véritable un trou non plus, au sens commun, si on croit tomber dans le vide. Et encore, méfions-nous des mots : une personne qui tomberait d'un ravin, ferait une chute dans l'air et non dans le vide ! Tomber dans un trou noir vous ferait subir le phénomène de marée. Les pieds allant de l'avant, le champ de pesanteur est plus fort à ce niveau que celui rencontré près de la tête. Le mouvement tourbillonnaire inéluctable s'accompagne d'une spaghettification. Autrement dit, un étirement de votre corps se produit puisque l'attraction au niveau des pieds est nettement plus élevée qu'au niveau de la tête, dans ce contexte extrême. Tout cela n'allant qu'en s'accentuant, votre corps finit en une longue chaîne curviligne d'atomes, puis une belle juxtaposition de particules élémentaires. Visualisez-vous la scène ?

Pour clore cette partie sur les trous noirs, j'ai gardé le plus sympa pour la fin, une histoire liée aux courbures d'espace-temps. D'abord, voyez notre espace comme un tissu élastique.

Pour matérialiser cela, vous allez tendre un drap carré, par ses sommets, parfaitement horizontalement, au bout de quatre piquets, dans votre jardin. Si vous avez la flemme, vous devrez faire cela de tête…

Prenez maintenant une petite bille. Entraînez-vous à lui donner une impulsion, de telle sorte qu'elle jouxte un côté du drap, en roulant d'un coin à un autre, sans passer par le centre, ni tomber hors du drap. Ensuite, une fois le geste maîtrisé (soyez patient), recommencez après avoir placé au préalable une boule de pétanque au centre du drap. Cette dernière masse déforme le drap, provoque une courbure du tissu. La bille, toujours lancée dans les mêmes précédentes conditions, voit sa trajectoire se courber et finir par rejoindre la plus massive des deux.

Imaginons un instant que la bille soit la Terre et que la boule de pétanque soit le Soleil : on comprend que la courbure de l'espace provoquée par le Soleil entraîne la Terre. En l'absence hypothétique du Soleil, la trajectoire de la Terre serait en ligne droite. Notre drap provoque des frottements, la bille ne peut pas avoir une trajectoire quasi circulaire comme la Terre qui voyage dans le vide, sans frottements, autour de son astre. C'est ainsi qu'on aime expliquer les idées d'Albert.

Avez-vous compris la notion de courbure appliquée à l'espace ? Félicitations ! On peut aller plus loin. Alors maintenant, place à un récit loufoque pour expliquer une nouvelle curiosité : la distorsion du temps à proximité d'un trou noir. Ce dernier est modélisable comme suit : envisagez un drap hyperélastique associé à une boule de pétanque ultra-massive qu'on ne voit plus, car elle plonge au centre du drap vers l'infini. Quel puits ! Pour que le temps devienne un paramètre dans cette histoire, il faut un contexte comme prétexte, mais soyez indulgent avec le scénario qui suit.

Vous avez malencontreusement échangé votre montre avec un inconnu, peu importe la raison. Ce dernier s'approche d'un trou noir, pas de chance pour lui… L'un comme l'autre, vous pouvez vous observer mutuellement, ne demandez pas comment, tout cela n'est que théorique. Puisque vous avez mis votre empathie dans votre poche, vous fixez mutuellement votre attention sur vos montres respectives qui s'éloignent inexorablement, puisqu'elles sont sur le poignet du vis-à-vis. Vous, qui n'êtes pas en train d'être gobé par le monstre galactique, vous percevez l'aiguille qui se déplace de moins en moins vite, comme si les secondes devenaient des minutes, puis des heures, des années, etc. Quelle patience ! Jusqu'au moment fatidique où l'inconnu arrive au fameux horizon, correspondant au rayon de Schwarzschild : alors l'image de l'inconnu se fige pour l'éternité. En réalité, cette vision va disparaître au fur et à mesure que les photons perdront de l'énergie.

Avec la spaghettification, vous pouvez oublier définitivement votre montre ! Pendant ce temps, l'inconnu qui n'a, par réciprocité, cure de vous, fixe sa montre à votre poignet et voit le temps s'écouler de plus en plus vite, car la rotation des aiguilles s'accélère, comme si les secondes faisaient place aux millisecondes, puis aux microsecondes, nanosecondes, picosecondes, femtosecondes, attosecondes, zeptosecondes, yoctosecondes… Bref le temps s'écoule de plus en plus rapidement, voilà tout ! Il voit l'Univers évoluer de plus en plus vite autour de vous, jusqu'à son possible déclin. Mais s'il voulait vous raconter quoi que ce soit, l'information ne pourrait pas, physiquement, se transmettre, de lui vers vous : dommage, vous ne saurez rien sur la fin du Monde ! Cette fable insolite illustre la notion de distorsion de l'espace-temps. Nous en resterons là, en nous assurant immédiatement que notre montre respecte toujours les secondes.

Parler de relativité est l'occasion de relativiser. Certes, ces modèles sont complexes à assimiler, mais toujours plus abordables que les pensées complexes du philosophe Jean-Claude Van Damme, dont voici une approche innovante pour appréhender la notion de temps :

« Je crois au moment. S'il n'y a pas le moment, à ce moment-là, il faut arriver à ce moment-là, au moment qu'on veut. "

Pardonnez-moi d'avoir relevé un défi qui consistait à caser une pensée de Jean-Claude parmi d'autres penseurs…

Je vous suggère, facultativement, pour finir, s'il y en a que cela tente, d'aller vous informer sur des sujets complémentaires au cœur de la recherche actuelle.

En voici cinq :

– La matière évoquée précédemment a connu une lutte sans merci en triomphant de l'antimatière quand l'Univers, à ses débuts, chaque fois qu'il créait un milliard d'antiquarks, créait simultanément un quark de plus. Pourquoi ? Au fait, les quarks sont les composants de nos particules élémentaires : sans eux, nous n'existerions pas !

– Il existe une matière indétectable, la matière noire qui est bien plus présente, en abondance, que toute la matière connue : elle n'a pas encore révélé ses secrets ! Pour cela, il faut traquer une nouvelle famille de particules, les wimps (traduction : les mauviettes) !

– Informez-vous sur les structures géantes détectrices de neutrinos dans différents pays, et découvrez tout ce que l'on espère apprendre à propos de cette fugitive particule.

– Il existe une énergie que l'on nomme énergie sombre ou noire, et sa caractéristique de type antigravitationnel va probablement impacter l'avenir du Cosmos : passionnant !

– L'Univers serait hypothétiquement issu de l'éclosion d'une bulle d'espace-temps engendrée par une fontaine blanche. Une inflation serait le résultat de la rencontre de petites bulles d'espace-temps d'où jailliraient des multivers qui pourraient être reliés. Cela laisse à nouveau songeur…

Que retenir cette fois ? Et si le moment était opportun pour un second résumé hypercondensé ? Tout en vrac ! Serait-il tentant, dès lors, de se ruer vers les fins des prochains chapitres, et de ne plus lire que les résumés ?

<u>Résumé du chapitre</u> :

– L'Univers est organisé : connaissez-vous votre adresse, avec sa hiérarchisation ?

– La matière aussi est structurée, mais à ses débuts il lui a fallu du temps, ou plus exactement une baisse significative de la température pour gagner en stabilité. La formation des atomes marque la fin du plasma.

– La lumière se propage et nous donne des informations. On appelle « fond diffus cosmologique » l'ensemble du rayonnement fossile, libéré de la matière, environ 400 000 ans après le Big-Bang.

– Le vide, c'est-à-dire l'absence totale de matière et de la moindre particule, prend une place prépondérante au sein de nos deux infinis !

– Les trous noirs possèdent une singularité. Il existe des approches expérimentales pour étudier les phénomènes qui les régissent afin de mieux comprendre l'Univers.

> *Deux choses sont infinies : l'Univers et la bêtise humaine. Mais, en ce qui concerne l'Univers, je n'en ai pas encore acquis la certitude absolue.*
>
> Albert Einstein

Jeudi 11 mai de l'an −13 799 002020

3
Élémentaire, mon cher Big-Bang

Quel est votre âge ? Je ne suis pas certain que vous le sachiez, sans me montrer désobligeant ! Est-ce indiscret ? Que nenni ! Pour la bonne raison que je m'intéresse aux briques élémentaires qui servent à vous construire. Autrement dit, pour être plus explicite, quel âge ont vos atomes ? Au fait, vous n'êtes qu'un tas de particules, vous le savez ? Pardon, vous êtes un harmonieux assemblage d'atomes, un élégant édifice !

Déjà, sachez que ces briques existaient bien avant la naissance du Soleil qui luit depuis environ cinq-milliards d'années. Vous êtes donc de la très vieille matière recyclée ! Si c'est une révélation, elle est un peu brutale, j'en conviens, mais c'est ainsi ! Parmi nos atomes, certains proviennent de la nucléosynthèse primordiale, il y a plus de treize-milliards d'années. D'autres ont pour origine d'anciennes étoiles qui ont ensemencé l'espace avec les atomes lourds qu'elles ont engendrés.

Deux mécanismes mènent aux gros atomes. D'une part, la nucléosynthèse stellaire résulte de la fusion de petits atomes en plus gros, au cœur des étoiles, permettant de fabriquer les vingt-six premiers, jusqu'au fer. D'autre part, la nucléosynthèse explosive des étoiles géantes (supernovæ) en fin de vie permet de produire de plus gros atomes, jusqu'aux plus lourds. Ainsi, les premières étoiles géantes du jeune Univers ont explosé pour donner d'immenses nuages de matière, des nébuleuses qui portent fièrement le doux surnom de « pouponnières d'étoiles ».

C'est la contraction d'une nébuleuse qui a formé le Soleil en perdant en route une petite partie du nuage, tels des détritus oubliés en chemin. Ces déchets sont constitués d'atomes qui sont restés intacts puisqu'ils n'ont pas été entraînés dans la valse conduisant à la réaction thermonucléaire stellaire qui fait rayonner notre étoile. Les résidus en question ne représentent qu'environ 0,1 % de la masse totale du Système solaire. Pourquoi en parler alors ? Parce qu'ils ont tout de même formé huit planètes, des astéroïdes, des comètes, des satellites comme la Lune, etc. bref tout ce qui, dans le Système solaire, n'est pas le Soleil… donc vous également !

Connaissez-vous cette belle expression qui clame que nous sommes de la poussière d'étoiles ? C'est une vérité flatteuse, c'est même requinquant non ? Mais pour mettre un terme aux flagorneries, on peut en dire autant de la crotte de chat dans laquelle vous avez marché ce matin dès potron-minet.

Il est temps à présent de s'intéresser aux atomes par le biais d'une chronologie qui montre que la science n'est pas figée, que ses idées évoluent, avec parfois des retours en arrière. En l'occurrence, cette longue histoire de l'atome débute dans la Grèce antique, il y a environ deux millénaires et demi. Leucippe et son disciple Démocrite avancent un concept remarquable, facile à illustrer. Pour cela, je demande à Jean-Sylvester de prendre une belle motte de terre argileuse qui sert à la poterie de loisir. Mon intention est de l'initier modestement à la démarche expérimentale.

J'invite Jean-Sylvester à pousser au plus loin ses talents d'artiste. Vlatipa (du latin, vlatipum… à vérifier !) qu'il forme une boule de glaise homogène : il ne faut pas trop lui en demander, mais en l'occurrence, c'est parfait ! Puis il suit le protocole à la lettre : il la coupe en deux. Il prend alors un des deux morceaux qu'il coupe à nouveau en deux, et ainsi de suite pour réduire approximativement de moitié, chaque fois, une des deux nouvelles parties.

Au bout d'un moment, cela devient compliqué ! En outre, il a l'air nigaud avec son grand couteau d'une main, et sa dernière boule de terre millimétrique dans l'autre main. Je lui explique le principe : dans le cas présent, notre expérience a atteint ses limites et va faire émerger une hypothèse, une spéculation concernant la poursuite du processus. « Une expérience provoque une confrontation entre une spéculation et la réalité, alors quelle suite proposes-tu à notre manipulation ? » ai-je alors demandé à Jean-Sylvester, pendant qu'il récurait ses narines avec sa grande lame. Allons au CERN, me répliqua-t-il, pertinemment ! Bravo, il a tout compris, au CERN les expériences permettent de placer les spéculations devant le réel, en les testant au cœur de l'infiniment petit.

Finalement non, restons ici ! L'idée retenue est de suivre le cheminement des précurseurs grecs. C'est ainsi que l'esprit prend le relais : il faut s'imaginer couper jusqu'à ce que l'on sépare les deux derniers grains de glaise. Ces ultimes grains ne peuvent être scindés, disons qu'ils sont insécables, c'est-à-dire indivisibles : atomos en grec ! C'est ainsi que les briques de la matière sont comme une construction en briques LEGO® ; elles sont indivisibles, mais échappent à nos sens tant elles sont petites.

Saluons Leucippe et Démocrite qui avaient eu une formidable intuition ! En suivant leur principe, on peut ainsi s'imaginer que le verre est constitué de grains de verre, le plastique de grains de plastique, etc. Étant dubitatif sur ma capacité à m'exprimer clairement, je vais donc revenir vers ce principe de découpage, en la modélisant à notre échelle. Pour cela, je commence par construire patiemment un mur en briques LEGO®. Sans contrepartie pour cette publicité gratuite, je m'y applique avec des couleurs variées, et des volumes différents. Ainsi, je respecte une proposition de nos Grecs atomistes qui attribuaient aux atomes une multitude de formes pour expliquer la prodigieuse diversité de la nature. Puis je compte sur Jean-Sylvester pour m'exaspérer, car il possède ce don.

C'est chose faite quand il me dit : « Rends-tu hommage à Trump et son mur mexicain ? ». Je perds mes nerfs et casse mon rempart en plastique : je m'évertue à séparer les moindres morceaux, pour me défouler, sans pouvoir briser les parties élémentaires. Ainsi avons-nous une approche pertinente, à l'aide de ces fameuses briques de jeu. En effet, il existe des volumes variés d'atomes, en quantité finie, ils sont insécables au sens mécanique et chimique, mais ils n'ont en réalité aucune couleur à l'échelle microscopique.

Et encore, ce n'est pas si simple, on peut chipoter en rappelant qu'à chaque entité chimique est associé un spectre propre de la lumière qu'elle est capable d'émettre, ou d'absorber. Je ne vais pas mettre mon doigt dans ce sympathique engrenage, cahier des charges oblige !

De surcroît, si Jean-Didier, sur sa banquise, donne des grands coups de marteau pour récupérer quelques glaçons pour l'apéro, il ne va pas déformer le moindre atome. Dès qu'il aura scindé un bloc de glace en deux, il aura séparé des molécules d'eau, sans les perturber. Démocrite ajouta une histoire de crochets à ses « atomos », afin qu'ils se maintiennent entre eux. L'expression « atomes crochus » est restée ! C'est une sympathique métaphore.

Le coup de grâce fut porté par Aristote (384 – 322 av. J.-C.), appuyé par son maître, Platon. Ces deux philosophes reprirent et développèrent les idées d'Empédocle, des inepties sur un monde explicable à partir de quatre éléments : terre, eau, feu et air. Maître Platon sur un arbre perché, écoutait Aristote tout flatté qui tenait à peu près ce langage : un morceau de bois qui brûle subit le passage de la terre au feu, la fumée qui en résulte est le passage du feu à l'air. Par ailleurs, la pluie n'est que le passage de l'air à l'eau, etc. Il prêta des qualités à la nature : chaleur, froid, humidité et sécheresse… Mais pas la moindre expérience ne fut pratiquée, car procéder par l'esprit suffisait croyait-on ! Arrêtons là le délire en saluant tout de même l'effort de vouloir expliquer le monde de la matière.

L'école aristotélicienne fut une catastrophe majeure dans l'histoire de la physique. Ainsi, les idées d'Aristote, qui devint le plus influent des philosophes grecs, convenaient si parfaitement à l'Église, que le Moyen Âge épousa, contraint, ses idées. Je ne résiste pas à l'envie de faire se croiser l'histoire des sciences en particulier, avec l'Histoire en général, à travers le prisme de cette phrase de Raymond Queneau : « L'Histoire est la science du malheur des hommes ».

La science du Moyen Âge, globalement pauvre, est marquée par l'alchimie, une autre blague, mais qui révéla, par l'expérience (ça, c'est positif !), des impasses comme la transmutation du plomb en or. À ce propos, Nicolas Flamel et sa chère Dame

Pernelle ont bien existé ; ils ne sont pas des personnages imaginaires. Nicolas a inspiré Alexandre Dumas dans sa pièce de théâtre *La tour Saint-Jacques* ainsi que J.K. Rowling dans sa série littéraire *Harry Potter*. Alchimiste notable, croit-on, on lui attribue d'avoir percé le secret de la pierre philosophale qui permet non seulement de changer un métal en or, mais aussi d'offrir l'immortalité. Belle légende urbaine, déjà !

Certains aiment à croire que Nicolas Flamel est toujours vivant… Mais les historiens ont acquis la certitude que ses activités étaient autres, celles d'un copiste, libraire et juriste, mort en 1 418. Enfin, que dire du cinquième élément, l'éther, qui apporte la quinte essence ? En assurant la cohésion des quatre premiers éléments, il n'en reste aujourd'hui que le mot quintessence qui désigne ce qu'il y a de meilleur, ou de plus raffiné, dans une chose.

Quittons le Moyen Âge qui n'apporte rien comme progrès notables concernant l'atome. De plus, tant que j'y pense, oubliez aussi définitivement l'analogie usant des briques LEGO®, car elle induirait une représentation de l'Univers à la Minecraft-Mojang®. Je parle de ce monde disgracieusement pixélisé pour un type de gamers manifestant une sympathique propension pour l'édification.

Une crainte m'assaille soudain… Et si, de nos jours, se développait une corporation de platistes alchimistes aristotéliciens menée par Jean-Platistote ? Je n'en serais tristement pas surpris ! Je m'éloigne, je digresse futilement, à chacun ses défauts, alors que l'histoire de l'atome n'est pas terminée.

Par conséquent, il a fallu attendre plus de vingt siècles pour que l'idée d'atome ressurgisse, avec le Britannique John Dalton. Pour l'anecdote, le brillant John était enseignant dans l'école de son village dès l'âge de 12 ans… Dalton, premier daltonien connu ayant étudié son souci avec sa perception des couleurs, était avant tout un chimiste et physicien anglais. Il affirma, au tout début du XIXe siècle (1 803), que la matière était constituée d'atomes ayant deux particularités : ils peuvent avoir des masses différentes et se combiner entre eux.

L'italien Amedeo Avogadro enchaîna en surmontant une difficulté de l'époque : la distinction entre atome et molécule. Une molécule est un assemblage par liaison chimique d'au moins deux atomes, différents ou pas ; les combinaisons demeurent infinies. Youpi, la théorie atomiste renaît, il était temps, et Averell Dalton n'y est pour rien : alors, merci John !

Je vais un peu accélérer et résumer davantage ce que l'on sait sur cette saga. L'histoire des sciences, c'est sympa, mais là, je commence à en faire une bouillie rébarbative ! Vous vous souvenez qu'un atome est un noyau entouré d'électrons. En 1897, le Britannique J.J. Thomson met en avant la présence des électrons. Puis, en 1910, Ernest Rutherford, un physicien chimiste néo-zélando-britannique (si cela se dit ?) découvre le noyau. Ces deux chercheurs sont de vrais expérimentateurs de génie : le premier a montré que les électrons sont électriquement négatifs, et le second a découvert que les noyaux sont électriquement positifs. L'atome demeure électriquement neutre globalement, puisqu'il y a autant de charges positives que de charges négatives. Il s'agit d'une compensation électrique pour un équilibre, comme les affectionne la nature.

Dans la foulée, Sir James Chadwick, un physicien britannique, révélera le neutron. Sa découverte signe la première étape qui conduira à la fission nucléaire puis à la bombe atomique. Le porteur de la charge élémentaire positive réside dans le noyau et se nomme le proton. Mais ce noyau contient également un autre type de particule, aidant à la cohésion nucléaire, une particule neutre : le neutron bien sûr ! Les protons et les neutrons du noyau sont appelés les nucléons : noyau, nucléon et nucléaire sont donc bien des mots de la même famille. Ce qui distingue un atome d'un autre, c'est son nombre de protons. Ce nombre est appelé le numéro atomique, on y reviendra avec un certain Mendeleïev.

Surtout, c'est très important, et vous l'avez bien noté, car vous êtes concentré, l'atome n'est donc pas « atomos », c'est-à-dire un objet insécable : on peut désormais séparer ses constituants !

Reste à savoir comment tout cela s'organise. On s'amuse aujourd'hui du pudding de Thomson. Il voyait l'atome comme une sphère remplie d'une substance électriquement positive fourrée d'électrons négatifs, comme des raisins dans un cake. Rutherford découvrit un truc incroyable : la matière est lacunaire ! Sa célèbre expérience a mis cela en évidence, en même temps que la présence des noyaux. Le procédé consistait à bombarder une feuille d'or très mince, dans le vide, avec des particules alpha, beaucoup plus petites que les atomes d'or. La plupart des particules alpha traversaient la feuille métallique sans être déviées. Les autres subissaient une rude déviation issue d'une interaction musclée, la rencontre d'obstacles que sont les noyaux d'or.

Pour en comprendre les conséquences, puisqu'il est difficile d'appréhender des dimensions aussi petites, il va falloir changer d'échelle tout en respectant les proportions. En effet, un atome est dix-milliards de fois plus petit que vous… pas facile à visualiser ce monde plus que microscopique ! Prenez un terrain de football dont la longueur est environ cent mètres, et imaginez une sphère ayant ce diamètre. Au centre du terrain, et de la boule imaginaire qui l'emprisonne, mettez un grain de sel d'un millimètre pour matérialiser le noyau. Bravo, vous venez de faire une belle maquette de l'atome !

Comment cela, j'ai oublié les électrons ? Vous avez raison de mettre votre grain de sel, mais il n'est point la peine de tenter de les représenter sur cette maquette. En effet, ils sont si petits par rapport à votre noyau, qu'ils sont invisibles à l'œil nu, même à cette échelle conséquente.

Félicitations, je présume ! Vous m'avez devancé et déjà fait le rapport de la taille de l'atome sur son noyau, cent mètres sur un millimètre. Et votre calcul est correct, car un noyau est bien cent-mille fois plus petit que son atome ! Et vous, un million de milliards de fois plus grand que n'importe quel noyau atomique dans votre corps !

Quelques électrons autour d'un noyau sont contenus dans une boule sans enveloppe. En effet, l'atome n'est pas un mini-ballon ! C'est une région sphérique de l'espace à l'intérieur de laquelle se meuvent, dans le vide, ces charges électriques négatives, les hyperactifs électrons (du grec « elektron » désignant l'ambre jaune). Petite parenthèse : 600 ans avant J.-C. (pas besoin de préciser qu'il ne s'agit ni de Jean-Claude, ni de Jules César), un certain Thales de Millet fait de merveilles. L'homme du théorème éponyme découvre que l'ambre jaune frotté attire l'oxyde de fer, ainsi que différents petits objets. Aujourd'hui, on explique facilement ces propriétés électriques puisque les électrons en sont responsables. Ainsi, les mots électron et électricité ne sont pas de la même famille pour rien, on y reviendra peut-être…

Alors là, accrochez-vous, car c'est l'arnaque qui résulte du Big-Bang : la matière que je vous vends depuis le début, en la narrant obligeamment, est constituée à 99,9999999 % d'espace vide au sein des atomes. Voilà une conséquence de votre récent calcul qui avait donné cent mille. Entendons-nous bien sur le terme vide : aucune particule ! Le plus inouï est de comprendre que nous-mêmes, êtres de chair et de raison, nous sommes incroyablement creux. Si on nous compressait pour réduire au maximum tout ce vide, on deviendrait invisibles à l'œil nu ! Il en est de même avec votre réserve de lingots d'or : arnaque vous disais-je !

Jean-Didier m'a envoyé un mail, depuis sa banquise, avec son style un peu rustre :

« Dis donc, Monsieur Gros-Naze, cordialement, pourquoi je galère à briser la glace si y a que du vide dedans ? Tu te foutrais tu-t-il pas de ma tronche à moi avec tes délires ? Recordialement.

DJ (en verlan, c'est trop classe !) ».

Ce à quoi j'ai répondu :

Cher Didier-Jean, dans la matière, il n'y a pas « rien », mais « presque » rien ! Et c'est bien ce qui fait toute la différence. En effet, c'est le nombre qui compte à notre échelle : presque rien multiplié par un nombre astronomique, cela finit par faire du lourd, mon ami ! Ainsi, il y a plus de molécules d'eau dans un verre rempli, que le nombre total de verres nécessaires pour recueillir l'eau de tous les océans.

Très cordialement.

Harry Tmétic.

Pour l'anecdote, voici son retour, très positif, car il révèle une véritable nouvelle pulsion vers la démarche expérimentale :

« OK, Monsieur Trop-Naze, recordialement, mais je vais vérifier pour l'océan avec mon mug de la Reine des neiges. Et va pas te plaindre si y a plus d'eau sur Terre quand j'aurai fini !

DJ ».

Chère lectrice, cher lecteur, résumons votre réalité physique, du seul point de vue de la matière. Vous êtes un tas d'atomes incroyablement âgés qui se révèle n'être qu'un assemblage de particules électriques : des charges positives (protons), des charges négatives (électrons) et des neutrons, le tout baignant dans du vide démesurément prédominant en volume. Vous êtes creux ! Enfin, vous gesticulez entre deux infinis, l'un comme l'autre étant lacunaire !

Le plus dingue avec cette recette incroyablement basique (des grains chargés électriquement, avec seulement deux types de charge) c'est qu'on fabrique toute la matière que l'on connaît, solide, liquide ou gazeuse, sous des formes diverses, belles ou hideuses, utiles ou futiles, accessibles ou lointaines... La poussière d'étoiles est aussi le terreau dans lequel puise la vie : époustouflant ! Loin de moins l'envie de m'extasier devant un champignon ou de la ciboulette. Je place la réflexion un cran au-dessus, c'est-à-dire au niveau de la vie intelligente la plus remarquable qui soit : vous ! Songez-y et faites une pause en cuisinant une bonne poêlée de champignons avec de la ciboulette.

Vous avez bien digéré (pas seulement les champignons) l'idée que les particules élémentaires sont le substrat qui, en se complexifiant par le biais de combinaisons infinies, peut produire des molécules, de l'ADN, des cellules, des neurones, etc. Ce substrat fera que vous êtes capable d'émotions, d'avoir de la mémoire, des instincts, du goût, des talents, de l'empathie, etc.

Un jour, on comprendra même plus pertinemment comment la matière régit intimement ce troisième infini qu'est l'infiniment complexe associé à la vie, et au cerveau. Et l'on jouera avec, je le crains. Place un instant à la science-fiction, par exemple, décidons d'éradiquer la timidité ! J'ai pris volontairement une « idée cobaye » pas trop perturbante pour ne pas vous faire trop flipper ! Cela finira probablement par venir, avec l'eugénisme en toile de fond.

Laissons les dystopies jouer leur rôle et secouer notre imaginaire. Elles nous régalent déjà de scenarii variés illustrant le champ des possibles, pour que l'espèce humaine exprime son talent intrinsèque à provoquer des catastrophes : manipulations génétiques, intelligences artificielles incontrôlables, réchauffement climatique, provocation de zoonoses avec pandémies cycliques, conflits nucléaires, obscurantisme, fascisme, pillages des ressources, idiocraties dirigées par des dictateurs platistes, etc. Cela en fait des catégories avec une foule de nominés potentiels, pour une cérémonie des « oscours »…

À l'issue des drames qui frappent l'humanité, une constante se révèle : nous sommes incapables de retenir les leçons de notre propre histoire puisqu'entre deux catastrophes surgit l'amnésie collective. Le monde d'après est généralement construit par les décideurs comme un rattrapage du temps perdu. Avec hypocrisie, on se leurre tous ensemble, en préférant s'enorgueillir d'une réaction sous forme de résilience, en lieu et place du moins glorieux oubli.

Ernest, je ne t'ai pas oublié ! Il découlera des travaux de Rutherford un modèle planétaire de l'atome, avec des électrons ayant des trajectoires autour du noyau, comme des planètes autour de leur étoile. C'est top, car aisé à comprendre et facile à représenter ! Malheureusement, oubliez cela ! Le modèle ne colle pas à la réalité. La faculté des électrons de pouvoir émettre de la lumière, et ainsi subir une perte d'énergie sans se crasher dans leur noyau, amena à reconsidérer le modèle planétaire, pourtant si joli à dessiner. Dommage !

Dans le monde atomique, il faut à la fois considérer qu'une particule peut avoir le comportement d'un grain de matière (un corpuscule) mais aussi un comportement ondulatoire : les expériences le prouvent (cherchez du côté de la diffraction). Malgré les preuves observables, ce n'est pas pour autant que c'est clair dans ma tête. La dualité onde-corpuscule, puisque c'est ainsi que fut nommé ce concept, est troublante ! Tout cela pour marquer que ce petit monde est complexe, et c'est peu de le dire, comme le montrera la suite.

C'est par l'entremise de Niels Bohr, un physicien danois, que l'on change de représentation. Il avait compris que les électrons possèdent une énergie quantifiée. Bienvenue dans le monde quantique ! Peu après, le modèle d'Erwin Schrödinger (1 930), physicien autrichien, marque un tournant décisif et prévaut désormais : il ne faut plus raisonner avec des sortes de petites billes (les électrons) dont on voudrait connaître la localisation et la vitesse, car c'est impossible ! Un Allemand, un certain Werner Karl Heisenberg, qui fut élève de Bohr, a apporté des précisions capitales. Les électrons ont un comportement tel, que pour en parler, la physique quantique a défini la notion de probabilité de présence.

On arrive au bout de notre périple. En effet, la prochaine phrase révèle ce que l'on sait finalement sur la structure de l'atome concernant ses électrons. Ainsi, dans une région de l'espace atomique, on détermine avec quelle probabilité on peut y trouver un électron, et puis c'est tout ! Comment cela, tout ça pour ça ? C'est peut-être tout simplement mal relaté de ma part ! On peut s'autoriser à avoir un peu de mal à assimiler ce principe statistique qui régit la présence des électrons puisque Einstein lui-même, à l'époque, fit l'erreur d'en repousser l'idée sous prétexte que « Dieu ne joue pas aux dés ! », disait-il.

S'il est frustrant de perdre le fil à cause de la notion de quantification, c'est bien de ma faute, pour l'avoir éludé. Alors, en voici le principe, grosso modo. On est habitués de voir évoluer une distance, une vitesse ou une énergie de façon continue. Ce n'est qu'une illusion statistique observable à notre échelle, mais en y regardant de plus près, dans le petit monde invisible, les règles diffèrent. Les changements ou les progressions se font par bonds appelés des quanta. La discontinuité a pour conséquence de limiter le champ des possibles.

Voilà, j'ai fait de mon mieux pour tracer les grandes lignes de la notion de quantification, et, si ce n'est pas clair, c'est avant tout parce que ce n'est pas intuitif. Je ne vais pas à nouveau me planquer dans la barbe de Bachelard, mais je vais préférer me référer au physicien américain Richard Feynman, très influent après ses contributions majeures sur ce sujet. Il était aussi un brillant pédagogue à qui on doit cette phrase, auprès de ses étudiants de Berkeley, à propos du monde quantique : « Si vous m'avez compris, c'est que je n'ai pas été clair ! »

Quand on veut expliquer que les électrons ont une énergie quantifiée, c'est-à-dire qu'elle ne peut prendre que des valeurs précises et parfaitement justifiées, on use d'analogies bancales comme celles qui vont suivre. Dans l'infiniment petit, régissent des lois et des phénomènes impossibles à transposer à notre échelle, c'est statistiquement improbable, notamment sur des durées raisonnables. Surtout, et sans vouloir vous offenser, vous êtes trop gros pour que s'applique à vous la dualité « onde-corpuscule ». On dira par exemple que, « dans le monde quantique », il est possible de passer du premier au troisième étage, sans passer par le second. Mesurer la vitesse d'un objet que l'on veut étudier fait qu'on le perd aussitôt de vue. Mais si on le repère à nouveau, il est impossible d'avoir des informations sur son mouvement ; c'est lié à cette notion de principe d'incertitude que l'on doit à Heisenberg.

Alors j'esquive, je me dérobe et j'avoue ma défaillance rhétorique pour dire sans ambages : revenons à la longue histoire de l'atome, elle a bien évolué non ?

Petit jeu maintenant, quel est le point commun entre Joseph John Thomson, Max Karl Ernst Ludwig Planck, Albert Einstein, Ernest Rutherford, Niels Henrik David Bohr, Werner Karl Heisenberg, Erwin Schrödinger, James Chadwick, Enrico Fermi, Richard Phillips Feynman, Arno Allan Penzias et Robert Woodrow Wilson ?

Réponse 1 : j'ai parlé d'eux, c'est vrai !

Réponse 2 : ils ont fait avancer la science, c'est juste, mais j'attends une réponse plus pertinente… ça y est, c'est bien ce que je voulais entendre, c'est la réponse 3…

Réponse 3 : ils ont eu un prix Nobel ! Mais qui est ce Nobel ?

Alfred Nobel vécut au XIXe siècle. Chimiste et inventeur suédois, il multiplia les brevets et devint un puissant industriel. En 1867, Alfred renverse accidentellement un peu de nitroglycérine. Cette huile jaunâtre possède une grande force explosive en cas de choc. Par chance, elle est tombée sur une roche sédimentaire siliceuse, le kieselguhr, et rien ne se produit. La découverte qui en découle est une recette. Il faut associer la nitroglycérine avec un additif (25 % de kieselguhr, résidu siliceux inerte) pour qu'elle devienne stable. Un détonateur est alors nécessaire pour qu'elle explose.

Alfred Nobel pense à conditionner l'ensemble sous forme de tube en carton. Il invente ainsi la dynamite, plus puissante que la poudre. Des années auparavant, il avait mis au point un système d'allumage en deux parties : une amorce liée à une charge de poudre explosive. Lubie familiale, cela faisait plusieurs années que l'on pratiquait des tests sur les explosifs chez les Nobel, sous l'impulsion du père Immanuel Nobel. Or, trois ans avant l'élaboration des tubes qui font boum, l'usine avait sauté, faisant cinq morts, dont un des autres fils d'Immanuel…

Riche héritier, Alfred accumula ensuite une plus grande fortune, car sa réussite fut incontestable, notamment grâce à d'autres innovations. Toutefois, il avouait facilement son principal malaise : avec la création, par hasard, de sa dynamite, il songeait aux tunnels à percer et aux minerais à extraire ; et non pas à une arme de destruction. Il exprimait là un ambigu paradoxe pour un homme ayant développé, parmi toutes ses activités, celle de marchand d'armes. En 1888, il apprit qu'un journal français, qui le croyait tout juste passé à trépas, avait rédigé une nécrologie clamant : « Le marchand de la mort est mort… ». L'article rappelait que ses brevets avaient conduit à semer la terreur et la mort dans le monde entier, comme jamais.

Ce fut un évènement déterminant ! En vieillissant, il devient petit à petit, un utopiste convaincu de la nécessité de dissoudre les armées du monde entier. L'inventeur du plus méchant des pétards décida d'œuvrer positivement, en léguant post mortem de quoi amorcer une action durable bienfaitrice. Avant son véritable décès qui intervint en 1896, Alfred fit rédiger un testament porteur du fameux projet « prix Nobel » qu'il ne verra donc pas se réaliser. Sans femme, ni enfant, sa volonté fut que sa fortune bénéficie à des personnes ayant apporté un bien à l'humanité, et plus précisément, il visait les meilleures découvertes scientifiques. Dès l'origine, il fut stipulé que la récompense annuelle ferait la promotion de la médecine, de la chimie, de la physique, de la littérature et de la paix. Cette dernière catégorie est souvent considérée aujourd'hui comme la plus prestigieuse.

Les mathématiques furent mises à l'écart ! De nombreuses légendes tentent de justifier pourquoi, notamment une rivalité peu crédible avec un compatriote mathématicien, Gosta Mittag-Leffler qui aurait courtisé avec succès la même femme. La vérité est davantage du côté du fait qu'il existait déjà un prix scandinave de mathématiques. Aujourd'hui, et cela depuis 1968, l'économie est également gratifiée, mais toujours pas question de maths décida définitivement l'Académie suédoise Nobel. Les mathématiciens ont créé un prix équivalent : la médaille Fields. Toutefois, c'est un abus de langage de parler de prix Nobel pour l'économie, car en réalité, fut créé un « prix de la banque de Suède en sciences économiques en mémoire d'Alfred Nobel ».

Le prix Nobel n'est pas qu'honorifique ! Une somme issue du généreux legs d'Alfred, aussitôt converti en actions peu après sa mort, est remise depuis, annuellement en décembre, à Stockholm. Il s'agit d'environ 900 000 euros par discipline, de nos jours. Cette somme a varié depuis 1901, l'année des premiers lauréats. L'objectif du pactole est de permettre aux récompensés de poursuivre leurs travaux en s'affranchissant des pressions et des contraintes financières.

Petit jeu, à nouveau : quel est le point commun entre, Jean-Donald, Jean-Kévin, Jean-Sylvester, Jean-Didier et Jean-Neymar ? Bravo, bonne réponse : en effet, ils n'ont pas obtenu de prix Nobel, du moins pas pour l'instant, et moi non plus d'ailleurs !

Comme vous êtes désormais familier avec quelques grands noms de la physique, je vous propose une anecdote rapportée par l'un des plus fameux, Ernest Rutherford, en 1910. En voici les grandes lignes :

Ernest Rutherford est appelé comme médiateur et accepte d'arbitrer un litige entre un professeur de l'Université de Manchester et un de ses étudiants en physique. Ce dernier réclame la note maximale, alors que son professeur veut lui mettre zéro, à propos d'une évaluation en physique.

Le sujet de l'interrogation était : comment déterminer la hauteur d'un immeuble avec un baromètre ? En résumé, la réponse attendue consiste à mesurer la pression atmosphérique au bas et au sommet de l'édifice, puis d'appliquer une formule qui lie la pression à l'altitude. La réponse donnée par l'étudiant fut tout autre, mais fonctionnelle : on attache le baromètre avec une longue corde, en haut de l'immeuble, puis on le fait descendre jusqu'au sol. Ensuite, on le remonte pour mesurer la longueur de la corde qui correspond bien à la hauteur demandée.

Rutherford propose à l'étudiant de faire un rattrapage en précisant ce qu'attend son professeur : la réponse doit révéler des connaissances en physique ! Pour cela, il dispose seulement de dix minutes, car le sujet demeure le même. Comme au bout de cinq minutes, le jeune homme n'a toujours rien écrit, Rutherford lui demande s'il compte renoncer ? L'étudiant lui répond que les réponses possibles étant variées, il ne sait laquelle privilégier. Provocateur, il attend volontairement la dernière minute pour s'exprimer : la méthode finalement retenue utilise une formule sur la chute des corps. Pour cela, il faut laisser tomber le baromètre depuis le sommet de l'immeuble et chronométrer la durée de la chute, jusqu'au moment de l'impact fatal au sol. Rutherford demande au professeur s'il est satisfait, sachant que le résultat est correct même s'il occulte la fonction première du baromètre, appareil de mesure de la pression atmosphérique.

Le professeur, résigné, donna une excellente note, car l'étudiant, qui venait tout de même de proposer d'éclater son baromètre, fit la preuve de connaissances en physique. Or, le compromis portait bien sur ce point. En quittant le bureau, Rutherford rattrapa le facétieux étudiant pour échanger avec lui. Il demanda de lui soumettre ses autres solutions. Sans toutes les aborder, en voici quelques-unes proposées alors :

– S'il y a du soleil, on peut placer le baromètre à l'extérieur, au sol dans un endroit dégagé. On mesure la longueur de l'ombre de l'appareil, celle de l'immeuble, et la hauteur du baromètre. Avec un calcul de proportionnalité, on détermine la hauteur de l'immeuble.

– On monte les étages de l'immeuble avec le baromètre en marquant la longueur du baromètre sur le mur de la cage d'escalier. On répète scrupuleusement l'exercice pendant la montée avec un marquage successif. Arrivé au sommet, on compte le nombre final de traits pour en déduire la hauteur de l'immeuble.

– On se place au sommet de l'immeuble, afin de suspendre le baromètre avec une longue corde, jusqu'au ras du sol, pour le faire se balancer : il s'agit d'un pendule peu banal ! Avec un chronomètre, on mesure la période d'oscillation. En effet, la durée d'un aller-retour est liée à la longueur de la corde, donc celle de l'immeuble.

– Ma méthode préférée, conclut l'étudiant, est aussi la plus simple : il suffit d'aller frapper à la porte du concierge du bâtiment pour lui offrir un magnifique baromètre, à condition qu'il vous révèle la hauteur de l'immeuble.

L'étudiant était le jeune Niels Bohr qui fut lauréat du prix Nobel de physique en 1922. On retient notamment que ses travaux en mécanique quantique l'ont conduit à des débats dont il sortit vainqueur, face à son principal contradicteur, Albert Einstein. Un des fils Bohr, Aage de son prénom, sera colauréat du prix Nobel de physique en 1975 : en science aussi, la passion peut se transmettre !

Présumant de sa réponse, Rutherford a terminé la conversation en demandant à Bohr s'il connaissait la solution qu'on attendait de lui avec ce fichu baromètre ? L'étudiant a admis qu'il la connaissait, mais qu'il en avait assez des professeurs qui essayaient de lui apprendre comment il devait penser…

Cette anecdote est plaisante, car elle effleure l'irrévérence. Elle pointe, d'une façon générale, tous ces systèmes ou toutes ces organisations qui ne permettent guère de sortir du cadre normé et établi. Ceci est un pertinent sujet, applicable aux secteurs publics et privés, comme l'enseignement, l'entreprise, la recherche, le développement, l'économie, etc. On touche aussi à une forme de sécurité, car sortir des normes à l'excès peut mettre un système en péril. C'est pourquoi la plupart privilégient, consciemment ou non, la reproduction à l'identique de principes qui régissent leur fonctionnement. Mais l'absence de confrontation à la contradiction conduit des organisations à réduire leur capacité d'adaptation, dans un monde qui pourtant évolue...

En outre, la conformité nuit à l'innovation ! C'est pourquoi les sciences procèdent souvent par rupture, lors d'une découverte révolutionnaire. Parfois, c'est simplement le hasard qui fait son œuvre comme avec la découverte de la dynamite, ou bien celle du fond diffus cosmologique ! Il faut aussi des trublions comme Niels Bohr pour faire avancer les choses, en bousculant l'ordre établi, semble-t-il ?

Mais ce qui est bien dommage, et ne m'en veuillez pas, car je n'y suis pour rien, c'est que la savoureuse histoire de l'étudiant Bohr est fausse. La médiation avec Rutherford n'a jamais eu lieu, puisque ce litige est une totale invention. Il s'agit d'une imposture rédigée, avec des notions correctes de physique, dans le magazine Reader's Digest, en 1958. Mais, elle perdure : les fake news sont parfois coriaces !

Résumé du chapitre :

– La matière, inerte ou vivante, à l'état solide, liquide ou gazeux, est constituée à partir d'atomes.

– Les Grecs antiques ont eu cette intuition d'une matière formée à partir de grains indivisibles, atomos : c'est le début de la longue histoire de l'atome.

– On sait aujourd'hui que les atomes sont constitués de particules encore plus petites : un noyau central avec des électrons autour. Les principes qui en assurent la cohésion font appel à la physique quantique. Savez-vous que ces particules sont constituées de quarks ! On en dénombre six types.

– L'atome est dix milliards de fois plus petit qu'un être humain, c'est un ordre de grandeur. Procéder à une transposition proportionnelle en changeant d'échelle, comme celle proposée à l'aide du terrain de football, avec le grain de sel au centre, est bien commode pour visualiser les modèles.

– Alfred Nobel aurait-il mérité un prix Nobel ?

> *La science consiste à passer d'un étonnement à un autre.*
>
> Aristote.

Il affirme pouvoir déformer les atomes ! Est-ce d'après le principe du con-gelé ?
Cet abruti fait peur aux pingouins ! Pourquoi s'en prend-il à la banquise ?

4
Un peu de chimie maintenant

La matière dans notre environnement existe sous différents états. En prenant l'eau dans la nature comme incontournable exemple, on la trouve dans les trois états, et sous différentes formes.

Concernant l'eau à l'état solide, on peut citer la neige, le givre, l'iceberg, le verglas, le glaçon de l'apéro, etc. Pour l'eau à l'état liquide, on trouve la pluie, la rosée, les océans, le brouillard, la buée, le solvant des boissons de l'apéro, etc. Enfin, quand l'eau est à l'état de gaz, on parle de la vapeur d'eau que l'on trouve dans l'air. Attention, l'eau est invisible quand elle est dans ce dernier état.

Ainsi, les nuages, le brouillard ou la buée ne constituent pas un début d'inventaire des formes de l'état gazeux. En effet, ils sont visibles ! Ils sont constitués de petites gouttes d'eau liquides si fines et si légères qu'elles peuvent rester longtemps en suspension dans l'air. Idem pour la fumée : il ne faut pas dire qu'elle est uniquement constituée de gaz, puisqu'on y trouve tant de minuscules particules solides qui la rendent bien visible.

Une des caractéristiques physiques de la matière est sa signature thermique. Il se trouve que lorsqu'un corps pur change d'état, la température demeure constante durant cette transition. Attention, ceci ne concerne pas les mélanges. Le changement d'état nommé solidification désigne le passage de liquide à solide et s'effectue à zéro degré Celsius pour l'eau. Un tel changement est réversible, avec la même température de passage.

Prenez un récipient rempli d'eau, plongez-y un thermomètre sur lequel on lit par exemple 15 °C. Mettez-le tout dans un congélateur réglé sur -20 °C, éclairé à l'intérieur le temps de l'expérience, et muni d'une caméra pour observer. On constate que la température baisse et dès que les premiers cristaux de glace apparaissent, le thermomètre affiche 0 °C. La solidification a démarré… Tant qu'elle n'est pas terminée, la température reste stable. Puis, quand l'eau est enfin devenue un bloc solide, sa température descend en dessous de zéro degré Celsius, jusqu'à atteindre la température de réglage du congélateur. De même, la température d'ébullition de l'eau, passage de l'état liquide à l'état gazeux, se produit à une température fixe et égale à 100 °C. Tout cela est caractéristique de l'eau pure, c'est-à-dire sans la mélanger à un autre liquide, ni la truffer de substances dissoutes. Aucun autre corps pur ne possède ces mêmes constantes thermiques !

Mais l'ébullition est particulièrement sensible à la pression : si d'ordinaire vous mettez une douzaine de minutes pour faire cuire vos nouilles préférées, vous mettrez davantage, lors de vos prochaines vacances en haut de l'Everest. Si haut, la pression atmosphérique est plus faible que dans votre cuisine. Autrement dit, au sommet de l'Himalaya, l'air appuie moins fort sur la surface de l'eau liquide. Alors la vapeur d'eau s'échappe plus facilement. Par conséquent, 72 °C suffisent pour obtenir l'ébullition de l'eau, à cette altitude (environ 8 850 m). Surtout, après 12 minutes, vos nouilles demeureront immangeables, car elles ne seront toujours pas cuites !

Ça sent tout de même l'embrouille ces valeurs « zéro » et « cent », trop rondes pour être honnêtes ? En effet, tel est le cas ! Le responsable est un scientifique suédois, Anders Celsius. En 1742, il expose son idée d'échelle centésimale de la température. Il avait remarqué que le mercure, enfermé dans un tube fin en verre, est un métal liquide qui se dilate à une hauteur fixe quand le verre est au contact de l'eau en cours de solidification. Puis, quand l'eau se met à bouillir, la hauteur de la colonne de mercure s'est élevée, pour rester à nouveau fixe. Partant de ces deux graduations, notées respectivement 0 et 100, il suffit alors de graduer à intervalles réguliers : on obtient un thermomètre…

Merci Anders d'avoir choisi ces valeurs ! Jean-Vador me dit qu'il aurait préféré ses nombres fétiches 13 et 77 : on oublie vite cette remarque, car ce thermomètre ne serait pas pratique, bien pire que l'échelle Fahrenheit. À propos de Jean-Vador, l'été dernier, il a renoncé à un voyage à Londres, clamant affolé :

« Là-bas, je vais finir brûlé, et mon sang risque de bouillir ! ». Prenant une source locale d'informations en gage de fiabilité, il avait regardé la météo de la BBC qui annonçait 81 °F le lendemain, pour la capitale anglaise.

Petite astuce en passant, pour convertir des degrés Fahrenheit en degrés Celsius, il faut retirer 32 puis multiplier le résultat par 5, et enfin diviser par 9. Alors 81 °F correspondent à peu près à 27 °C. La sensation de chaleur me semble supportable.

C'est d'autant plus ballot que notre voyageur a finalement opté pour le désert de la planète Tatooine… Savez-vous que dans la saga Star Wars, Georges Lucas dépeint « deux soleils » visibles depuis cette planète. Or, une telle configuration astronomique n'avait jamais été observée à l'époque. Depuis, on découvre des systèmes circumbinaires. Ils désignent des objets en orbite autour d'étoiles doubles. Alors on surnomme ces exoplanètes des « planètes Tatooine ». Fin de l'anecdote qui nous éloigne un peu du sujet. Beaucoup ? Désolé ! Poursuivons donc, en soulignant et surlignant que cette idée de nombre fétiche est inepte, comme le sont également les superstitions ou l'astrologie !

Il ne faut pas confondre l'astronomie avec l'astrologie. Cette dernière n'a rien à voir avec la science, même si elle affirme prédire en pratiquant des calculs. User d'outils mathématiques devient scientifique quand, une fois rencontré un échec, on se remet en question. L'astrologie s'écarte définitivement des sciences, quand elle refuse de confronter ses théories à l'expérimentation. Un modèle doit être reproductible et vérifiable. Par exemple, quand une catastrophe provoque le décès d'une foule de personnes ne possédant pas d'autre lien que d'avoir été au mauvais endroit au mauvais moment, alors comment accorder leurs horoscopes ?

Les sciences se remettent en cause et modifient leurs hypothèses, dès que cela ne fonctionne pas, alors que l'astrologie en est incapable. Une étude statistique des résultats de l'astrologie suffirait, a priori, à la réduire à néant, mais ce n'est pas le cas : l'être humain est fasciné par le paranormal ! Si la naissance était associée à un signe astrologique qui induirait l'avenir, alors pourquoi deux vrais jumeaux peuvent connaître des destins différents ? Les influences astrales supposées par les astrologues n'existent pas pour les physiciens.

Le ciel des astrologues n'existe plus : il n'est pas celui qu'observent les astronomes. La plupart des constellations de l'hémisphère nord, ces regroupements d'étoiles observables depuis la Terre, ont reçu leur nom il y a plus de deux-mille ans. Or, le ciel a bougé depuis ! En effet, l'axe des pôles, déjà incliné par rapport à la trajectoire de la Terre autour du Soleil, n'est pas fixe. Cet axe décrit lentement un cercle ; c'est ce qu'on appelle la précession des équinoxes. Ainsi, en prenant le gémeau astral en exemple, tel qu'il fut fixé jadis, il se retrouve aujourd'hui dans le cancer, sans que cela ne perturbe certains astrologues qui mesurent la satisfaction de leur pratique, non pas au nombre de succès des prédictions, mais au chiffre d'affaires de leur cabinet.

J'ai à nouveau perdu le fil du discours à cause de ces embrouilleurs d'esprit… Or, le fait que mon humeur s'échauffe me rappelle qu'il faut que je revienne à la notion de température.

Qu'en est-il des autres corps purs ? Après l'eau, si on prend le fer par exemple, on peut aussi le trouver sous les trois états de la matière, avec des températures de changement qui lui sont propres (fusion à 1 538 °C et ébullition à 2 861 °C). Prenons un super four à 1 500 °C, et mettons-y un échantillon de tous les métaux connus : certains resteront solides, d'autres auront fondu, et les derniers sont vaporisés. C'est une méthode pratique pour séparer des alliages.

De même, en abaissant la température, on peut tout solidifier. Ainsi, pour obtenir de l'air solide, ce qui n'a aucun intérêt pratique, contrairement à l'air liquide, il faut descendre très bas : -216 °C. Imaginez maintenant un beau tableau des températures des corps purs : il est établi sous une pression unique dite normale. La précédente affaire des nouilles, pour un repas frugal en haut de l'Himalaya, montre à quel point un paramètre peut jouer sur un autre.

C'est quoi, en fait, la température ? Qu'est-ce que cela mesure concrètement ? Ainsi, un litre d'eau à 20 °C et un litre d'eau à 40 °C contiennent les mêmes molécules. De plus, ces deux volumes possèdent la même masse. De surcroît, ces molécules sont toutes parfaitement identiques, quel que soit l'état de l'eau...

La différence est une question d'agitation ! En effet, la température est un marqueur du mouvement des particules, on parle aussi de leur cinétique. À votre convenance, désormais, vous apprécierez la température de l'air, ou bien celle de votre bain, en termes d'agitation moléculaire. Sur la plage, en plongeant vos orteils dans l'océan, la sensation d'une élévation de température du bain, en comparaison avec la veille, vous fera dire à votre entourage : « L'agitation moléculaire de l'eau est globalement plus grande aujourd'hui, et me convient davantage ! »

À l'inverse, il se trouve qu'une baisse de température se traduit par une agitation qui diminue, et, si cela se poursuit, on passera par des vibrations qui faiblissent en intensité. On peut alors aller jusqu'à l'immobilité parfaite. Par conséquent, toute la matière connaît la même limite. La fixité atomique s'effectue à une température négative dont la valeur est -273,15 °C. Il s'agit du zéro absolu. Ce repère sert de point de départ à l'échelle de température des physiciens, mesurée en kelvin comme unité, en hommage au thermodynamicien britannique Lord Kelvin. Une variation d'un degré kelvin vaut un degré Celsius, côté calcul, c'est commode !

Votre patience est remarquable ! En effet, relisons le titre du chapitre et posons-nous cette légitime question : ce long passage sur les états de la matière avait-il un intérêt ? Quel rapport ?

Voici enfin venir le lien, mais pas avant une proposition de courte définition de la chimie : c'est la science de la transformation de la matière. Alors, d'après vous, les changements d'état sont-ils des transformations chimiques ? La réponse est non !

Nous savons que la physique et la chimie ont la matière comme champ d'étude. Le moment important du discours arrive maintenant. Le but est donc de les distinguer par le biais de la notion de transformation.

Quand l'eau ou le fer passe d'un état à un autre, les molécules d'eau restent intactes tout comme les atomes de fer. Seule l'organisation de ces petits bidules diffère entre les états. Un solide possède des particules assemblées et ordonnées, souvent selon une géométrie caractéristique, ce qui explique qu'un solide a une forme propre. Un liquide voit ses particules former un ensemble compact mais désordonné, car elles peuvent changer de voisins, comme si elles glissaient ou roulaient les unes sur les autres, ce qui explique notamment qu'un liquide coule. Le gaz est bordélique avec ses particules dispersées et très désordonnées.

Métaphore : dans quel état est votre bureau, votre chambre ? Si l'état gazeux prévaut, faites une pause pour y remédier, on se retrouvera plus tard... Quand aucune nouvelle espèce chimique n'est créée après une transformation, alors ce n'est pas de la chimie ! Question : si je mélange de l'eau et du sucre, la transformation est-elle physique ou chimique ? Réponse : aucune nouvelle espèce chimique n'est finalement apparue. Conclusion : un mélange, comme une séparation, sans étendre le sujet jusqu'aux relations humaines, c'est physique et non chimique !

Une transformation chimique commence par les bons ingrédients, appelés les réactifs. Il faut qu'ils soient placés dans certaines conditions, pour fabriquer de nouvelles espèces appelées les produits de la réaction. Faire des crêpes, c'est vouloir obtenir ce délicieux produit. Les réactifs sont le lait, la farine et les œufs. Voici un autre exemple, un classique de la didactique des sciences : la combustion. Ainsi, en prenant un feu de cheminée, à moins que vous ne préfériez brûler des pneus, des espèces chimiques disparaissent pour en produire de nouvelles.

Je sens que cela ne vous suffit pas, car vous aimez les listes, alors en voici une belle à méditer : la photosynthèse, la fermentation, la rouille, les synthèses en laboratoire (savons, plastiques, médicaments, engrais, colorants, parfums, textiles, arômes, détergents, peintures, colles, revêtements, cosmétiques...), etc. Tout cela, c'est bien de la chimie ! Vous-même, vous êtes une machine chimique capable de fabriquer des cellules et produire l'énergie nécessaire au fonctionnement des organes. Les nutriments sont des réactifs, ainsi que le dioxygène, alors que le dioxyde de carbone est un produit que l'on finit par expirer. Mais pour comprendre les mécanismes de la chimie, il faut revenir aux constituants de la matière. D'abord, tâchons de cerner la notion d'élément...

Antoine Laurent de Lavoisier était un chimiste qui a découvert que l'air est un mélange. Ce fut un fait marquant pour la science, et une prouesse expérimentale remarquable pour l'époque ! Il a montré qu'environ un cinquième (20 %) de l'air était « respirable », il le qualifie alors « d'air vital ». Le reste éteint les combustions, et il le nomme « mofette » dans un premier temps. Antoine Laurent pratique des expériences sur la matière, fait des pesées pour comprendre les proportions de ce qui disparaît du côté des réactifs, et de ce qui apparaît du côté des produits. Tout cela est basé sur des transformations chimiques de combustion et d'oxydation. Avec du mercure, par exemple, il remarque que « l'air respirable » peut s'associer à ce métal et que c'est réversible, preuve par pesées à l'appui.

L'anglais Joseph Priestley fit des travaux similaires et concordants à la même époque. Dans l'histoire des sciences, il arrive souvent que des scientifiques travaillent séparément sur de mêmes pistes. Tout se complique pour certains, pour diverses raisons, quand vient le moment de réclamer la paternité d'une découverte. On sait parfaitement aujourd'hui que l'air est constitué majoritairement d'un gaz inerte, le diazote (78 %), puis vient le dioxygène (21 %), et 1 % d'autres gaz parmi lesquels, la vapeur d'eau, le dioxyde de carbone, l'argon, l'ozone, etc. Le dioxyde de carbone, principal responsable du réchauffement climatique, est présent à hauteur de 0,04 % : petite valeur, mais effet colossal !

Voici un bref discours sur l'effet de serre qui possède, à juste titre, mauvaise réputation. Mais ce passage a pour raison d'être, le plaisir du contre-pied, en vantant d'abord son mérite. En effet, il ne faut jamais oublier que sans lui, notre planète serait gelée, et que l'être humain n'aurait jamais pu apparaître ! Quand on examine les pourcentages dans l'air des gaz responsables de l'effet de serre, on est étonnés de constater à quel point ces taux sont faibles. On peut tout de suite s'imaginer qu'il est aisé de les faire croître, par le biais des activités humaines, et paniquer...

Ces gaz font de notre atmosphère une super couette qui réchauffe la planète. Augmenter la quantité des gaz incriminés fait comme si on ajoutait des couvertures à la couette. Par conséquent, une partie de la chaleur est empêchée de repartir vers l'espace. C'est pourquoi la température globale augmente. Tant que c'était la nature qui gérait tout cela, on en tirait bénéfice puisque cela permettait à la Terre de posséder une température moyenne d'environ 15 °C. Ainsi, le dioxyde de carbone, que l'on désigne comme coupable majeur, est naturellement présent dans l'atmosphère. Ce gaz provoque un effet de serre « normal » ayant permis l'éclosion de la vie sur Terre. En effet, sans lui, il faudrait enlever environ 30 °C à la température moyenne terrestre. Dans ce cas, notre planète serait couverte de glace. La nature est si bien faite que la température de la Terre fait d'elle la seule planète du Système solaire à posséder de l'eau à l'état liquide, propice à la vie telle qu'on la connaît.

L'effet de serre est aussi extraterrestre ! Par exemple, Mercure est plus proche du Soleil que Vénus, mais entre ces deux planètes, c'est sur Vénus qu'il fait le plus chaud, au-delà de 400 °C. Vous en avez deviné la raison : l'effet de serre induit par son atmosphère singulière est naturellement conséquent !

Je sais bien que certains ironisent à l'idée de gagner quelques degrés dans un futur proche, en croyant peut-être dédramatiser. En effet, cela ne semble pas si effrayant, sauf si on prend le problème à l'envers. Ainsi, à l'inverse, une baisse de cinq degrés provoque une longue période glaciaire. Mais une hausse de cinq degrés demeure inédite dans l'histoire du climat, notamment sur une si courte durée. Bref, aucun modèle passé ne permet de décrire précisément les prochaines modifications majeures de notre environnement. Alors tout allait bien tant que l'humanité restait sage, mais sa pollution atmosphérique a changé la donne.

On visualise tout de même les grandes lignes des fâcheuses conséquences, on en frémit, on s'offusque, mais rien ne change vraiment. Une prise de conscience, sans actes forts, restera stérile. Nous subirons la montée des eaux avec les terres immergées, les déforestations, les désertifications, les canicules, la montée en puissance des violences météorologiques, les famines, les apparitions de nouveaux virus, la disparition de la biodiversité, les déplacements de populations, et un tas de troubles variés comme dommages collatéraux. Peut-être trouvera-t-on, dans un futur indéterminé, divers moyens, grâce aux progrès de la science et de la technologie, pour contrôler la météorologie et le climat ? Mais quand, et à quel prix ? Sinon, comment ça va le moral ? On parlait de qui déjà, avant la fin du monde ?

C'est Lavoisier, en les découvrant, qui a ainsi nommé l'oxygène et l'azote. En partant de deux racines grecques, l'étymologie nous apprend que le mot oxygène signifie « qui engendre des acides ». Pour l'azote, le « a » est un préfixe privatif, et la racine grecque « zoon » est liée à la vie, c'est pourquoi l'azote signifie « sans vie ». Lavoisier faisait des expériences sur le « vivant ». Il avait très tôt remarqué que les êtres vivants étaient asphyxiés en présence d'azote quand il est seul présent.

De plus, ce brillant père de la chimie moderne est parvenu à décomposer l'eau en deux gaz distincts : le dioxygène et le dihydrogène. Ceci est encore une étape importante de la chimie : l'eau n'est pas un élément puisque sa molécule est scindable ! De plus, on peut fabriquer de l'eau par synthèse chimique, avec ces deux mêmes gaz obtenus après sa décomposition : attention, cette réaction est explosive !

Pour Lavoisier, il était possible d'établir une liste d'éléments, c'est-à-dire des entités non décomposables par aucun moyen chimique. Ses écrits ont été conservés : il a établi une nomenclature qui a servi de référence. À son époque, peu avant la Révolution française, on en connaissait à peine plus d'une trentaine. Il en fait un inventaire avec évidemment l'oxygène, l'hydrogène, l'azote, de nombreux métaux et quelques erreurs :

il pensait que la lumière et la chaleur étaient des éléments chimiques.

« Rien ne se perd, rien ne se crée, tout se transforme », aime-t-on attribuer à Lavoisier. C'est en fait un raccourci sympathique, une interprétation de ses écrits. En réalité, on y mêle une pensée du philosophe grec Anaxagore affirmant : « Rien ne naît ni ne périt, mais des choses déjà existantes se combinent, puis se séparent de nouveau ».

On a déjà vu qu'une molécule est constituée d'atomes. Quand une liaison se fait entre au moins deux atomes, on a une molécule. Ainsi, le préfixe « di », signifiant deux, indique que le dioxygène est une molécule constituée de deux atomes d'oxygène. Pour la molécule d'eau, la formule H_2O montre qu'elle est constituée de deux atomes d'hydrogène, et d'un seul atome d'oxygène. De bons souvenirs du collège vous submergent ?

Antoine-Laurent doit beaucoup à son épouse, Marie-Anne Pierrette Paulze Lavoisier. Sa collaboration fut précieuse lors des expériences. De surcroît, grâce à ses notes et ses dessins, leurs travaux purent être diffusés, et servir de base à la chimie moderne. C'est loin d'être anecdotique !

Comme l'atteste la particule « de » dans le patronyme du chimiste, sa noblesse était établie, mais lui fut fatale, notamment à cause de sa fonction de fermier général responsable de la collecte de l'impôt pour le roi. Il fut condamné et guillotiné le même jour, le 8 mai 1794. Le président du tribunal révolutionnaire clama : « La République n'a pas besoin de savants ; il faut que la justice suive son cours ». Le lendemain, le mathématicien Lagrange commenta : « Il ne leur a fallu qu'un moment pour faire tomber cette tête et cent années, peut-être, ne suffiront pas pour en reproduire une semblable. »

Dès lors, un chantier qui obsède un bon nombre de chimistes reste en cours. Existe-t-il un lien, une cohérence, une hiérarchie entre tous les éléments chimiques ?

Dans toutes les salles de cours de chimie du monde entier, sur un mur est placardée la fameuse classification périodique des éléments. Mais il ne s'agit pas d'un instrument de torture pour les jeunes apprenants ! Alors, entre à présent en piste le russe Dmitri Ivanovitch Mendeleïev. Il fabriqua le jeu de cartes le plus célèbre de l'histoire des sciences à partir des 63 éléments connus à son époque. Chaque carte porte le nom d'un élément, sa masse atomique et ses propriétés chimiques. Établir une distribution cohérente s'avéra un prodigieux casse-tête. La légende dit qu'il vit son tableau en rêve. En 1869, fut alors révélé l'alphabet de la chimie : un classement !

Le principe du tableau est le suivant : sur une même ligne, plus on se déplace vers la droite, et plus l'élément, ou l'atome correspondant, est lourd. Sur une même colonne sont classés les éléments ayant des propriétés chimiques communes. Pour illustrer ce que signifie cette notion de propriétés chimiques communes, allez voir sur le Net des vidéos (mots-clés : alcalin + eau) concernant la première famille, celle des alcalins qui occupent la première colonne, sous l'hydrogène. Vous verrez, ne vous en privez pas, que chaque membre de cette famille réagit avec une extrême violence, de façon spectaculaire et exothermique, avec l'eau. Mettre le feu avec de l'eau, c'est dingue non ?

Le génie de Mendeleïev ne se résume pas à mettre des symboles en lignes et en colonnes, car je sens bien que vous n'êtes guère impressionné par cette ésotérique grille de mots croisés. Aujourd'hui, nous sommes arrivés au bout de l'exploration du monde des éléments : il en existe 118. Aussi, en 1869, Mendeleïev dut réfléchir avec des informations partielles. Mais comme il était certain de son raisonnement, il n'a pas cherché à tricher, ni à faire des compromis avec les connaissances de son époque. C'est la raison pour laquelle, il avait laissé des cases vides, présumant ainsi que des éléments restaient à découvrir. Bravo !

De plus, il pouvait prévoir les propriétés chimiques de ces futurs éléments, ainsi que les composés qu'ils étaient capables de former. Puissant non ? Du vivant de Dmitri, furent découverts le scandium, le gallium et le germanium : ils possédaient bien les caractéristiques prévues ! Quelle satisfaction pour Mendeleïev qui devint un héros national ! En tant que protégé du tsar, il osa une chose inconcevable dans la Russie de la fin du XVIIIe siècle. Il demanda un divorce. Le tsar accepta et commenta : « Mendeleïev a peut-être deux femmes, mais moi, je n'ai qu'un Mendeleïev ».

Par ailleurs, je m'interroge : n'était-il pas un peu distrait, vu qu'il semble avoir perdu le i entre le D et le m de son prénom, dirent plus tard deux inconnus oubliés par l'Histoire, Albert Ensten et Mare Cure ?

Lors du précédent chapitre, vous avez vaillamment bravé la lecture de pages parlant des atomes et leurs constituants intimes. Alors je peux me permettre d'ajouter, sans trop compliquer les choses, que chaque fois que l'on avance d'une case dans le tableau star de la chimie, on avance d'un proton. Ainsi, à chaque élément, est associé un numéro atomique qui correspond à son nombre de protons dans son noyau. Fin de la petite précision !

Les noms des éléments chimiques appellent un commentaire. En effet, nombreux sont les thèmes abordés, et en voici quelques exemples. Pays : le francium pour la France, le germanium pour l'Allemagne… Astronomie : Mercure pour la planète, l'hélium pour Hélios, le Soleil en grec… Personnes connues : devinez qui se cache derrière l'einsteinium, le nobélium ou le mendélévium ?

Chaque élément possède un symbole marqué d'une lettre majuscule et, quand il y a deux lettres, la première est en majuscule alors que la seconde est en minuscule. Cela ne sert pas qu'à distraire les cruciverbistes ! L'écriture symbolique permet à de belles équations de s'exprimer en racontant, entre autres, qui sont les réactifs, qui sont les produits, et dans quelles proportions tout cela fonctionne. C'est important les proportions pour que les recettes fonctionnent !

Pour décrypter ces symboles, il faut la plupart du temps chercher du côté de l'anglais, cette langue qui domine, d'une façon générale, le vocabulaire scientifique et technique. Par exemple, l'azote a pour symbole N, car cela se dit *nitrogene* en anglais. Jadis, en France, on parlait aussi du nitrogène.

Aujourd'hui encore, tous ses dérivés, tel l'acide nitrique, les nitrates, les nitrites et les nitro-machinbidules ont gardé la racine du nitrogène. C'est pourquoi on peut discuter du bien-fondé de son remplacement par l'usurpateur « azote », même si l'étymologie de ce dernier, ainsi que l'hommage à Lavoisier ont du sens !

Continuons de parcourir le fameux tableau à la découverte de sa captivante nomenclature. Parfois, l'anglais cède la politesse. Le W pour le métal tungstène vient de l'allemand Wolfram. Et le symbole Fe vient bien du français fer : évident dites-vous ? Imaginez être un Américain devant retenir ce symbole étrange, puisque le mot fer se dit « Iron » outre-Antlantique ! Ne perdez pas de vue que leur héros est Iron Man et non pas Fer Man, ce qui est ridicule dans les deux cas !

Les symboles des éléments chimiques sont donc internationaux. On trouve des noms qui font référence à des mythologies, qu'elles soient grecques, latines ou scandinaves. Par exemple, les éléments titane, tantale, palladium ou niobium, sont liés à la Grèce antique à travers les Titans, Tantale, Pallas Athéna et Niobé. Ou bien encore, le thorium et le vanadium sont associés aux divinités scandinaves Thor et Vanadis.

Des noms de symboles proviennent du latin. Par exemple, l'or (Au) vient de *aurum* ; le potassium (K) vient de *kallium* ; le sodium (Na) vient de *natrium*, etc. La plupart du temps, pour nous les hexagonaux, les symboles vont de soi, grâce à une proximité avec l'anglais. Carbone donne *carbon* en anglais, de même oxygène se traduit par *oxygen*, hydrogène/*hydrogen*, zinc/*zinc*, nickel/*nickel*, etc. De même, la plupart des noms en « ium » comme le magnésium, demeurent intacts, accents en moins. Enfin, au jeu des devinettes linguistiques, on trouve facilement que *boron* = bore, *chlorine* = chlore, *titanium* = titane, etc.

Pour l'anecdote, il existe des phrases, parfois crues, toujours stupides, pour retenir chaque ligne du tableau. En voici une pour les trois premières lignes, et je préfère vous prévenir, ça ne vole pas haut ! « **H**o **H**é ! **Li**li **Be**rça **B**ébé **C**hez **N**otre **O**ncle **F**ernand

Nestor. **Na**poléon **M**an**g**ea **Al**lègrement **Si**x **P**oulets **S**ans **Cl**aquer d'**Ar**gent… »

C'est navrant, non ?

Vous avez donc déjà remarqué et j'insiste lourdement, je sais, une grande proximité entre la plupart des mots scientifiques anglais et les mots correspondants en français ! On parle dans certains cas de mots transparents. Ainsi, sans dictionnaire bilingue, vous comprendrez sans difficulté tous les mots de la liste qui suit, et pour ceux que cela ennuie par avance, allez directement au paragraphe suivant :

Physic, geometry, science, universe, chemistry, laboratory, space, telescope, diameter, theorem, equation, gravity, extraterrestrial, robot, algebra, invention, comet, liquid, mathematics, microscope, rectangle, number, parallel, perpendicular, planet, progress, multiplication, result, scientist, laboratory, conclusion, salad, angle, solid, liquid, gas, discovery, division, triangle, astronaut, virus, experimental, protocol, test, instrument, statistical, technology, etc.

Ce procédé ressemble à s'y méprendre à du remplissage de pages pour écrivain sans inspiration. Il n'en est pourtant rien, car ayant tant de thèmes à aborder, je vais devoir me résoudre à respecter, au plus vite, la seconde de mes deux résolutions de départ : ne pas trop m'étaler… Sinon, vous l'avez trouvé ? L'intrus !

Ce petit jeu tordu était en fait destiné à ceux qui ont sauté le paragraphe précédent ! Ce ne sont pas des salades, il y a bien un intrus dans la liste, retournez-y !

En termes d'abondance, l'élément champion de l'Univers est l'hydrogène, avec 90 % de présence. Normal, puisqu'il est le carburant que brûle chaque étoile pour entretenir en son cœur, sa fusion thermonucléaire. C'est d'ailleurs, quand vient à manquer ce carburant que l'étoile amorce sa fin de vie. Sur notre planète, on trouve l'oxygène en tête, qui approche les 50 % dans la croûte terrestre.

L'élément le plus lourd du tableau est officiellement l'oganesson, de numéro atomique 118. Synthétisé en 2002, il est très instable et se désintègre en moins d'une milliseconde. Aucun intérêt pratique, comme tous ses copains de la dernière ligne ! L'oganesson, ou ununoctium (Uuo), complète ainsi la septième ligne. Il est impossible d'aller au-delà, à moins d'introduire de nouvelles règles. Le fait qu'il se désintègre avec une durée de vie faible est l'occasion de préciser que les derniers éléments du classement ne se trouvent pas dans la nature. En effet, au-dessus du numéro atomique 94, on trouve les éléments synthétiques que l'on peut obtenir en laboratoire, à partir d'une réaction nucléaire. Désintégration et radioactivité, voici des mots qui seront au cœur du prochain chapitre.

Pendant ce temps, Jean-Bob, qui a suivi approximativement mes dires, m'expose par écrit son projet pour être riche. Voici :

« Je vais fabriquer de l'or, le reste ne m'intéresse pas, et seulement pour moi, je le précise ! J'ai bien compris ta recette : on met 29 protons ensemble, et ça s'appellera le noyau d'or. Puis autour, je mets 29 électrons pour que l'atome soit neutre. Maintenant que je sais faire un atome, je recommence par paquets de beaucoup mucho a lot of trop un max de giga millions de méga-milliards. Alors j'aurai mon joli lingot, puis je remets ça ! Alors dis-moi dans quel magasin on achète des protons et des électrons ? Et puis dis-moi surtout s'ils font des promotions en ce moment ? T'as des codes promo ?

Cordialement,

si tu m'aides, je serai généreux en te disant merci.

Jean-Bob ».

J'ai été amené à réfréner quelque peu son enthousiasme avec trois principales objections. D'abord, avec 29 comme numéro atomique, on obtient du cuivre, et non pas de l'or, car pour le métal précieux, c'est 79. En passant, c'est amusant de constater qu'en ne progressant que d'une unité, on change complètement de métal : de 29 à 30, on passe du cuivre au zinc, c'est-à-dire un proton de plus et un électron de plus pour le zinc.

Ensuite, les conditions de température et de pression nécessaires pour cette fusion thermonucléaire de l'or sont dignes des supernovæ, et même si, dans les laboratoires du monde entier, on obtient quelques succès concernant une fusion très rudimentaire, on est loin de tutoyer les étoiles !

Enfin, pour que le noyau soit stable, il manque les neutrons : avec 79 protons, on peut leur associer des neutrons, selon plusieurs quantités possibles. Cela reste de l'or tant qu'on ne change pas le nombre de protons, puis chaque combinaison est appelée un isotope. Pour l'or, il en existe presque une quarantaine ! Excepté un, celui qu'on trouve dans la nature, tous les isotopes du métal précieux sont radioactifs et instables : on les appelle des radio-isotopes. Ainsi, pour ton lingot, Jean-Bob, tes noyaux devront intégrer 118 neutrons, pas plus, pas moins, en gage de stabilité.

Cette notion d'isotopie n'est pas propre à l'or. Prenons l'exemple classique du carbone : ses trois isotopes naturels possèdent six protons. C'est pourquoi le carbone siège en case 6 dans le tableau du célèbre barbu russe. L'isotopie étant liée au nombre variable de neutrons, je vous présente d'abord le plus important, son nom est « carbone 12 ». Celui-ci possède autant de protons que de neutrons, soit six de chaque, et représente environ 99 % des atomes de carbone. Puis vient le « carbone 13 » à 7 neutrons qui avoisine 1 %, côté abondance. Enfin le « carbone 14 » avec ses 8 neutrons n'est présent qu'à l'état de trace, et sa qualité de radio-isotope lui a conféré des vertus propres à dater les échantillons de matière qui possèdent cet élément. Peut-être expliquerai-je, au prochain chapitre, le principe de la datation au carbone 14. Un nombre différent de neutrons fait que la mayonnaise ne prend pas. Cela limite le nombre d'isotopes.

On comprend désormais, avec l'isotopie, pourquoi il ne faut pas confondre atome et élément. De plus, lors d'une transformation chimique, l'élément est toujours conservé, pas forcément l'atome ! En effet, parfois un atome peut s'ioniser, c'est-à-dire perdre ou gagner des électrons. Mais ce dernier garde tout de même sa signature intrinsèque, associée à son élément, c'est-à-dire son nombre de protons que l'on nomme le numéro atomique. Alors, rien ne se perd, rien de secret, patati, patate douce… enfin bref, la célèbre phrase ici massacrée s'applique bien en chimie à la notion d'élément.

Radio-isotope est le terme qui va servir de transition avec la suite dont le thème sera la radioactivité. Voici venu le moment de réduire l'ensemble des dernières pages en singularité (c'est une nouvelle figure de style que je tente difficilement de mettre en place, rappelez-vous !).

Résumé du chapitre :

– La matière nous est familière sous trois états : solide, liquide et gaz. Une de ses caractéristiques physiques est la température de changement d'état.

– La chimie est la transformation de la matière.

– Une transformation est chimique si les éléments des réactifs, présents au départ, se réarrangent entre eux pour former de nouvelles espèces chimiques appelées des produits.

– Les chimistes ont étudié les propriétés de la matière, et ils ont identifié les éléments chimiques qui la constituaient. Leur classement, sous la forme d'un tableau, est connu sous le nom de classification périodique des éléments de Mendeleïev.

– Pour un élément donné, il peut exister plusieurs atomes nommés isotopes.

> *Il est bien difficile de croire que tant de merveilles, tant d'ingéniosité dans le monde soient l'effet du hasard et de la chimie seulement.*
>
> René Barjavel

H 1
Hydrogène
He 2
Hélium
Li 3
Lithium
N 7
Nains
O 8
F 9
10
Doigts ?
J 14
Juillet
Covid 19
Eh Dmitri, pourquoi c'est le Jean-Donaldium qui termine ton calendrier de l'Avent ?
Sur une même ligne, les éléments sont classés par poids atomique croissant. Or, j'ai trouvé plus LOURDAUD que toi, cher Jean-Doute-Encore ! Tu devrais t'en féliciter !

5
Marie Curie était une femme rayonnante

Ce titre est une mauvaise blague de physicien amateur d'humour noir, un prétexte pour lancer le thème qui va animer les prochains paragraphes : la radioactivité. Le précédent chapitre évoquait, à propos des éléments les plus lourds, leur faculté à se désintégrer, sans avoir besoin de les chatouiller. Quand elle est naturelle, la désintégration est la manifestation d'une instabilité qu'exècre la nature puisqu'elle cherche l'équilibre. Quand elle est provoquée, c'est préférablement à des fins utiles, car jouer avec les noyaux des atomes n'est pas sans conséquences, ni sans danger ! On verra quel est le lien entre la désintégration et la radioactivité.

Faisons à nouveau un petit détour par le passé, une nouvelle parenthèse dans l'histoire des sciences. Henri Becquerel a obtenu en 1903 le prix Nobel de physique avec Marie et Pierre Curie, pour la découverte de la radioactivité de l'uranium, l'élément naturel le plus lourd sur Terre. Becquerel décèle le phénomène en constatant que des sels d'uranium laissent des traces sur des plaques photographiques. Puis les époux Curie n'ayant pas eu cure des curieux sels, étudient le phénomène pour en comprendre la nature.

La découverte est d'abord accidentelle ! En effet, Becquerel testait ses sels (à bien orthographier !) avec l'hypothèse suivante : les rayons solaires sont absorbés puis réémis par cette substance sous la forme des mystérieux rayons X, car ils sont capables d'impressionner une surface sensible. L'absence de beau temps obligea une pause dans l'expérience. Les cristaux restèrent enfermés contre la plaque photographique à l'intérieur d'un cache en papier opaque. Quand il voulut reprendre l'expérience, Henri eut la surprise de constater que les plaques étaient marquées. Ces dernières révélaient fortement un rayonnement, malgré l'absence de soleil. Ce n'était donc pas des rayons X, car son échantillon riche en uranium produisait spontanément des radiations !

Pour l'anecdote qui ne manque pas de sel, les rayons X furent découverts par hasard, eux aussi, un an auparavant, en 1895, par Wilhelm Conrad Röntgen, un physicien allemand. C'est pourquoi, Confucius va clore ce passage à propos des trouvailles fortuites en sciences : « La chance est bien souvent un hasard qui se provoque ». Alfred Nobel nous rappelle qu'il a eu chaud aux fesses, contrairement à Penzias et Wilson. Mais je fais surenchérir Louis Pasteur qui a dit : « La chance ne sourit qu'aux esprits bien préparés ». Fleming, entre autres, acquiesce ! Alexander, pas Ian !

Marie Curie est née Maria Salomea Skłodowska en 1867, dans une Pologne sous le joug russe qui imposait tyranniquement sa langue et ses lois. Elle a suivi clandestinement les cours de l'université volante de Varsovie, car les études étaient interdites aux femmes. Arrivée à Paris à 24 ans, elle fit de brillantes et rapides études. Puis ses recherches sont marquées par deux prix Nobel, rien que cela, le premier, déjà évoqué, en physique, et le second en chimie (1 911).

Pour cerner son état d'esprit, voici ce qu'elle disait : « Je suis de ceux qui pensent que la science est d'une grande beauté. Un scientifique dans son laboratoire est non seulement un technicien : il est aussi un enfant placé devant des phénomènes naturels qui l'impressionnent comme des contes de fées ».

Avec son époux, ils ont découvert deux éléments radioactifs, au terme d'un travail laborieux et harassant : le radium et le polonium. Ce dernier fut ainsi nommé en l'honneur du pays natal de Marie auquel elle resta très attachée. Mais qu'est-ce que la radioactivité ?

La plupart des atomes sont stables, leur nombre sur Terre est donc constant. Parmi eux, la majorité sera capable de se combiner pour former des molécules, ou bien des structures cristallines, à l'exception de la dernière famille du tableau de Mendeleïev. En effet, les gaz nobles, trônant dans la dernière colonne, sont inertes chimiquement et demeurent sous forme monoatomique. À part cela, que reste-t-il ? Des atomes instables et radioactifs ! Ces atomes « bancals » se transforment, avec le temps, en d'autres atomes, généralement plus petits.

Pour eux, les « instables », il faut s'intéresser à leur noyau qui contient forcément des protons et des neutrons, cet ensemble nommé les nucléons. Tout se joue donc au niveau des fameux nucléons. La cohésion d'un noyau d'atome mobilise trois des quatre forces fondamentales de la physique. Celle qui est hors-jeu, à cause de sa faiblesse dans ce contexte, animera le prochain chapitre : la gravitation règne sur les grandes distances et se montre trop modeste entre les acteurs de l'infiniment petit.

Pour les plus exigeants qui grimacent, car ils aspirent à moins de superficialité, il existe quatre interactions responsables des phénomènes physiques connus. Elles se manifestent chacune par une force fondamentale portant le même nom. Les protons sont des particules électriquement chargées positivement et, par conséquent, ils se repoussent naturellement entre eux, à cause de la « force électromagnétique ». De son côté, la « force nucléaire forte » est attractive et domine sur la « force électromagnétique ».

Les nucléons ne sont pas véritablement des particules élémentaires, puisqu'ils sont tous constitués de trois quarks dont la particularité est d'échanger des gluons qui ressemblent vaguement à des photons. Ces échanges n'existent que si les protons sont bien associés à des neutrons : le noyau est alors représenté comme une framboise avec ces deux types de grains. Mais cela demeure contestable, car la réalité, vous vous en doutez, est plus complexe. Retenons que les gluons transmettent la « force nucléaire forte » dans tout le noyau en assurant son maintien. Ils portent bien leur nom ces gluons, car ils agissent comme une colle forte, telle la glu.

Quant à la « force nucléaire faible », ni attractive, ni répulsive, elle joue son rôle à l'intérieur des nucléons, mais ne mérite pas ici qu'on s'y attarde. La répulsion globale entre protons allant croissante quand les noyaux deviennent de plus en plus lourds, le nombre naturel de neutrons pour stabiliser l'édifice doit alors augmenter plus vite que le nombre de protons.

Une instabilité est provoquée généralement par un excès de protons, ou par un excès de neutrons. Alors, la désintégration qui en découle conduit à des émissions différentes de rayonnements.

Pour les atomes radioactifs, puisque c'est le présent sujet, si on les considère individuellement, on ne peut pas prévoir l'instant de la désintégration. De plus, les paramètres physiques de l'environnement proche comme la température, la pression ou un champ électromagnétique, n'ont aucune influence.

Mais pour un grand ensemble d'atomes instables, l'aspect aléatoire fait place à une propriété statistique traduite en une durée caractéristique. Dans d'autres domaines, comme la biologie ou l'économie, on peut aussi remarquer que le caractère erratique individuel fait place à une vérité prédictive dès qu'on considère statistiquement un échantillon très fourni. En l'occurrence, avec un très grand nombre d'atomes radioactifs du même type, on sait déterminer au bout de combien de temps, la moitié d'entre eux va se disloquer, et donc ne plus être ce qu'ils étaient. En effet, ils se seront transformés en des corps nouveaux, en général plus stables. Si la stabilité n'est pas atteinte, alors le processus va se poursuivre, selon une chaîne de désintégrations marquée par un nombre précis d'étapes.

Cette grandeur physique propre est une durée nommée « période radioactive » ou « demi-vie ». Ainsi, pour illustrer le propos avec un exemple classique, l'uranium 238 se transforme, avec une période radioactive de 4,5 milliards d'années. L'âge de la Terre étant équivalent, on en conclut qu'il y a deux fois moins d'uranium aujourd'hui qu'au tout début de l'histoire de notre planète. En effet, au bout de sa demi-vie, la moitié des atomes d'uranium 238 se sont divisés en noyaux plus petits, selon une chaîne qui finit par donner du plomb. Maintenant, vous avez définitivement compris la notion de période radioactive, n'est-ce pas ? C'est Rutherford qui en est l'initiateur, le même qui découvrit la présence des noyaux minuscules au cœur des atomes.

La demi-vie de l'uranium 238 est gigantesque ! Ce n'est pas toujours ainsi. Avec 16 grammes de polonium 211 (coucou

Marie !) dont la demi-vie est d'une demi-seconde, je vous laisse faire un calcul : au bout de 2 secondes, il en restera… bonne réponse : un seul gramme ! Quel talent ! C'est pourquoi de nombreux atomes radioactifs n'existent plus à l'état naturel, ils ont disparu plus ou moins rapidement. Il ne faut surtout pas perdre de vue qu'un atome qui se désintègre donne des produits qui peuvent à leur tour être radioactifs, avec leur propre demi-vie. Cet aspect est capital quand il s'agira de se pencher sur le sujet des déchets radioactifs issus des produits de fission de l'industrie nucléaire civile.

Petit rappel en passant : ce nombre de nucléons qui suit le nom de l'atome, et qui distingue par exemple, l'uranium 235 de l'uranium 238, est lié à la notion d'isotopie. Deux isotopes ont le même nombre de protons, donc la même place et le même nom dans la classification périodique des éléments. Alors, ce qui les distingue, c'est bien un nombre différent de neutron(s). C'est pourquoi l'uranium 238 possède trois neutrons de plus que son cousin l'uranium 235.

Le chapitre sur les éléments tendait une perche vers un paragraphe que voici à propos de la datation au carbone 14. Cet atome radioactif est un chronomètre dont on se sert pour dater des fossiles, des œuvres d'art, des objets dénichés par les archéologues, etc. On doit cette méthode au physicien chimiste américain Willard Frank Libby qui a reçu pour cela un prix Nobel de chimie en 1960. Ses travaux ont révolutionné l'archéologie.

Le principe est le suivant. La moitié du carbone 14 se désintègre en azote 14 au bout d'une demi-vie de 5 730 années. Contrairement à ce qui est généralement évoqué dans ces pages sur la radioactivité, le processus aboutit à un atome plus gros ! Cela arrive parfois, ce n'est pas le principe majoritaire, il s'agit d'une transmutation particulière. Ce n'est pas pour autant la transmutation des alchimistes ! Le carbone 14 existe à cause du flux de particules provenant de l'espace. Malgré sa protection naturelle, à savoir un champ magnétique, la Terre reçoit quand même des rayons cosmiques qui brisent des noyaux dans la haute atmosphère et libère des neutrons. Ces neutrons pénètrent l'azote atmosphérique et, dans chaque noyau visité, un proton est remplacé par un neutron pour donner le fameux carbone 14.

Passons à présent à des choses plus simples... Dans un échantillon à dater, il y a un atome de carbone 14 radioactif pour mille milliards de carbone 12 stables. Ainsi, la datation revient à effectuer le rapport entre les quantités des deux isotopes de carbone. Puis, par comparaison avec la norme, on détermine l'âge de l'objet ou du capitaine défunt. En effet, le carbone 14 se formant dans l'atmosphère, il s'associe immédiatement avec l'oxygène pour former du dioxyde de carbone assimilable par les êtres vivants par la respiration et l'alimentation. En mourant, l'assimilation cesse et marque le moment d'une future datation possible.

Cette méthode étant inopérante sur les sujets vivants, l'occasion est parfaite pour rappeler que le corps humain est également naturellement radioactif. Bien sûr, le carbone 14 possède sa part de responsabilité, mais plus de la moitié de l'irradiation interne provient du potassium 40. Ces deux-là sont responsables d'environ huit-mille désintégrations par seconde dans le corps humain. C'est sans danger ! Inutile de cesser vos apports en soja ou en thé, des aliments parmi les plus riches en potassium 40, car cela représente des quantités de rayonnements extrêmement faibles, à moins que vous n'en consommiez quelques tonnes chaque année ?

La fission est le processus qui scinde un noyau d'atome : soit elle est spontanée, soit elle est provoquée par le bombardant de gros noyaux, comme ceux de l'uranium, par des neutrons. Quand ce mécanisme s'accompagne de l'éjection de nouveaux neutrons issus du noyau scindé, en devinez-vous la conséquence ? Ces neutrons peuvent alors, à leur tour, poursuivre l'opération auprès des atomes avoisinants : on a alors une réaction en chaîne ! Si la réaction en chaîne est surveillée et maîtrisée, nous sommes dans le monde du nucléaire civil. Mais si elle est hors contrôle et libre de se poursuive au maximum, il s'agit bien, soit d'une arme de destruction massive, soit d'un accident !

Nos centrales nucléaires possèdent des cœurs de réacteurs où la fission est surveillée comme le lait sur le feu : au moindre souci, on lâche dans la soupe d'uranium des barres en carbone qui calment la fête en absorbant les neutrons. Mais il faut faire vite, pas comme à Tchernobyl en 1986 !

La désintégration d'un atome ne se traduit pas seulement par la rupture de son noyau, mais aussi par l'apparition d'un rayonnement. Ce rayonnement est l'éjection à grande vitesse de particules. On donne le nom de rayonnements alpha, bêta et gamma pour évoquer l'émission respective de noyaux d'hélium (particules α), d'électrons/positons (particules β) et de photons à haute fréquence (particules γ). Pour ceux qui se posent la question : dire positron à la place de positon, c'est choisir l'anglais à la place du français, mais les deux se disent. Il s'agit d'un antiélectron, l'antiparticule de l'électron, et j'en reste là !

Le point commun entre ces trois rayonnements est qu'ils interagissent avec la matière en l'ionisant. Les effets de l'ionisation sont variés, en voici quelques exemples : déclenchements de réactions chimiques, ruptures de liaisons moléculaires, créations de radicaux libres ou provocation de divers défauts dans certaines structures polyatomiques. Quand la matière est vivante, les conséquences seront évoquées plus explicitement plus loin. Selon les matériaux et leur épaisseur, on peut se protéger des rayonnements et faire en sorte qu'ils ne nous atteignent pas.

On peut avoir peur du « nucléaire », mais seulement à condition de savoir de quoi on parle ! Il ne faut pas que cela soit un spectre mystérieux à brandir devant des ignares en quête d'irrationnel, afin de les instrumentaliser ! La physique nucléaire est une chose concrète et compréhensible, comme le montre ce début de chapitre. La raison, comme toujours en science, doit rester maîtresse à bord.

Malheureusement, concernant les contributions de la physique nucléaire à la production d'énergie électrique, Tchernobyl en 1986 et Fukushima en 2011 nous rappellent que les pires scenarii peuvent se réaliser. La catastrophe ukrainienne de Tchernobyl résulte, pour simplifier, d'un emballement de la réaction en chaîne. Pour Fukushima, un séisme a provoqué un tsunami qui a provoqué la panne du système de refroidissement de la centrale japonaise. Trois des six réacteurs nippons sont alors entrés dans une fusion d'abord incontrôlable qui a généré de grands rejets radioactifs dans l'océan pacifique, sur les terres proches et dans l'atmosphère environnante.

Les différents rayonnements évoqués précédemment, avec leur sympathique petite lettre grecque, sont plus ou moins dangereux selon l'intensité. Deux modes sont à craindre, il s'agit de bien les distinguer ! Il y a l'exposition et l'ingestion. Un point commun facile à retenir : dans les deux cas, les rayons ionisants sont classés cancérogènes avérés.

Le premier mode est donc une exposition à des rayonnements externes, on parle d'irradiation qui va diminuer avec l'éloignement par rapport à la source, et cesse quand on interpose un blindage adapté. Le deuxième processus est une contamination interne. La contamination se produit soit par inhalation de particules radioactives dans l'air, soit par ingestion d'aliments contaminés. Suite à une catastrophe nucléaire, l'exposition est localisée au voisinage du lieu du sinistre, mais la contamination est difficilement contrôlable si on songe, par exemple, au déplacement des nuages qui peuvent véhiculer des particules radioactives.

Les conséquences sur le corps humain sont plus ou moins terribles, variées et ne seront guère développées ici. Un recueil médical traduira les effets allant de l'anémie jusqu'aux leucémies, en passant par des lésions cutanées avec ses nécroses, ainsi que les syndromes cérébrovasculaires qui sont fatals en moins de deux jours, les syndromes gastro-intestinaux avec la mort des cellules du système digestif, les syndromes hématopoïétiques, etc. Lugubre et suffisant cet inventaire, non ?

Maintenant, ciblons la radioactivité comme principal problème du nucléaire civil. En effet, les produits de fission donnent de la matière qui rayonne et dont on ne sait pas quoi faire, à part la stocker, la traiter partiellement, et ainsi l'offrir aux générations futures. On peut y voir une provocation face au naïf proverbe indien qui dit : « La Terre n'est pas un don de nos parents, ce sont nos enfants qui nous la prêtent ». Est-ce un pari risqué sur l'avenir, cet enfouissement des déchets ? Je ne veux même pas parler de ceux qui les balancent discrètement en direction des fonds marins.

Au fait, le panache qui surgit des tours des centrales n'est pas radioactif ! Ce n'est que de l'eau. Ces tours aéroréfrigérantes évacuent la chaleur à l'aide d'un système de refroidissement n'ayant aucun contact avec la matière fissile.

Ainsi, pour pallier notre incurie (ce n'est pas un jeu de mots, Marie) à traiter nos détritus nucléaires, on mise sur l'espoir que demain, on saura valoriser ce type de déchet. Cela semble être une perspective un peu hasardeuse mais jouable… Le terme jouable, quand on parle de l'environnement, peut choquer ? Et si la nature, en réaction à l'activité humaine, à coups de pandémies et de désastres climatiques divers, imposait une évolution technologiquement rétrograde, à une humanité en quête de survie ? En laissant de côté le catastrophisme prédictif et pessimiste, bien que réaliste, retenons simplement que les périodes radioactives de certains de ces déchets font qu'ils sont classés à vie longue. Ils sont donc là pour très longtemps, des millions d'années, par exemple, pour certains.

En contrepartie, l'industrie nucléaire permet d'avoir une énergie électrique permanente, à coût supportable, avec un environnement préservé concernant la qualité de l'air. J'ai glissé pas moins de trois aspects positifs et bien réels, en faveur de l'industrie nucléaire, dans la précédente phrase, pour trancher un peu. Le débat n'est pas clos tant qu'il demeure difficile de peser raisonnablement les bénéfices et les inconvénients, sans se laisser manipuler par les fanatiques à chaque extrême.

Fermer les sites nucléaires est dans l'air du temps, mais il ne faut pas trop se précipiter puisqu'en l'absence d'équivalent propre en termes de puissance, on compense avec des centrales à énergie fossile qui impactent terriblement le climat, avec leur catastrophique bilan carbone. Cette contribution à l'effet de serre est donc une aberration éco-pas-logique ! Chaque chose en son temps dicte la raison, mais le temps en politique a parfois d'autres ressorts que le simple bon sens.

Pour dédramatiser un peu, il ne faut pas perdre de vue que la radioactivité est une chose naturelle, puisqu'elle fait partie de notre environnement sans nous mettre en danger pour autant. En effet, d'une part, il existe un bombardement cosmique permanent. À ce propos, l'atmosphère, associée au champ magnétique terrestre, est un bon bouclier face aux rayonnements nocifs qui viennent de l'espace. D'autre part, il y a le sol, naturellement radioactif de façon variable selon les régions. Un sol granitique est radioactif : s'asseoir sur un bloc de granite, c'est recevoir du rayonnement gamma provenant des traces d'uranium qu'il contient. Voilà pourquoi les Corses, les Bretons, les Vosgiens et les Auvergnats, habitants des quatre régions françaises les plus naturellement radioactives, brillent la nuit, et leurs rejetons sont parfois des mutants.

Évidemment, c'est faux, j'ai dit cela pour m'assurer que vous demeurez un minimum concentré. En effet, l'innocuité des doses naturelles reçues est liée à la faiblesse du rayonnement.

Enfin, la science a su utiliser la radioactivité pour soigner en détruisant les cellules malades par radiothérapie : des rayonnements ionisants sont envoyés sur des cellules cancéreuses afin de les détruire. En outre, la radiotoxicité se mesure, avec pour unité le sievert (symbole : Sv) : cela permet d'évaluer et d'anticiper l'impact des rayonnements sur le corps humain. Pour chaque dose mesurée, il existe des paliers auxquels on associe un syndrome. Ainsi, les personnels exposés de par leur activité professionnelle ne doivent pas recevoir annuellement une dose dépassant vingt millisieverts.

Après les problèmes liés aux centrales nucléaires, je ne ferai pas l'économie d'éluder un autre sujet polémique : l'approche ambivalente des physiciens lors de l'apprentissage de la maîtrise de la fission nucléaire. Parfois, la quête du savoir peut conduire à jouer aux apprentis sorciers, quand on s'empare d'une connaissance qui peut mener à diverses finalités. Sans trop discourir, ni encore moins philosopher, notons que la notion d'éthique est plus ancienne que ce que l'on pense. Une connaissance non réflexive ne permet pas le progrès nous interpellait déjà Rabelais : « Science sans conscience n'est que ruine de l'âme ». Mais je m'insurge contre des visions telle celle d'Anatole France pour qui, « la science ne se soucie ni de plaire, ni de déplaire, elle est inhumaine », car ce ne sont pas des robots qui pratiquent les sciences ; du moins pour l'instant ! Est-ce pour cela qu'on a qualifié certains pans de la connaissance de « sciences humaines » afin de suggérer que le reste appartient « aux sciences inhumaines » ?

Pour autant, il faut se méfier des futures intelligences artificielles, et vous redoutez là, à juste titre, car vous commencez à me connaître, une nouvelle digression à laquelle je vais résister ! Une technologie funeste est-elle imputable aux sciences sous-jacentes ? On peut discuter de tout cela en partant d'une phrase de Romain Gary : « La technologie est le trou du cul de la science ». Un peu cru de prime abord, mais venant d'un double prix Goncourt, cela invite à la réflexion ! Face aux progrès, inexorable entreprise humaine, la sagesse et l'éthique doivent en être les garants. Cela passe par l'éducation, car Michel Serres a justement noté que « la science, c'est ce que le père enseigne à son fils. La technologie, c'est ce que le fils enseigne à son papa. »

Les congrès Solvay sont des conférences déjà centenaires, dédiées aux sciences physiques. Les premiers, entre 1911 et la Seconde Guerre mondiale, furent marqués par la présence des stars nobélisées les plus connues du grand public, qui débattaient sur l'atome, la mécanique quantique et la radioactivité. C'est un mécène belge, le chimiste et industriel Ernest Solvay qui en est l'instigateur : je le précise simplement parce que j'ai longtemps cru, la flemme de m'informer me gagnant parfois tristement, que Solvay était une ville…

Les photos de groupe des premières réunions ont figé l'histoire des sciences par la présence marquante d'une seule femme, l'illustre Marie Curie, auprès d'autres sommités telles Niels Bohr, Louis de Broglie, Werner Heisenberg, Paul Langevin, Erwin Schrödinger, etc. C'est lors de l'un de ces congrès qu'Einstein, en désaccord avec les théories probabilistes de la mécanique quantique, clama : « Dieu ne joue pas aux dés ! » Voilà pour la facette « people » et sympathique des physiciens qui avancent, communiquent et partagent leurs idées et leurs humeurs, en route sur les nouveaux chemins de la connaissance…

Mais vous devinez peut-être où je veux en venir… Le projet Manhattan ! Voilà un épisode bien moins glorieux ! C'est la raison pour laquelle je parlais d'ambivalence concernant la percée de la physique dans le monde atomique. Alfred Nobel avec sa dynamite avait compris que quelque chose d'ambivalent pouvait, par définition, servir à deux usages distincts. Est-il humain d'être incapable de ne pas jouer sur tous les tableaux ? Par exemple, peut-on lutter contre les virus mortels sans que certains souhaitent en faire une arme de guerre ? La réponse n'est pas évidente pour tout le monde, c'est bien là le drame qui nous fait désespérer parfois du genre humain !

Le projet de recherche qui a conduit à la création de la première bombe atomique fut codé par le nom de « projet Manhattan » dont les trois principales figures scientifiques sont Robert Oppenheimer, Enrico Fermi et Ernest Lawrence. Le premier est le directeur du projet, les deux autres sont internationalement admirés pour leurs travaux, et ils ont même un élément chimique qui leur rend hommage dans la classification périodique. L'objectif du programme n'était pas du tout de convertir la fission de noyaux atomiques en énergie électrique : le nucléaire civil n'a pas vraiment les mêmes desseins que le nucléaire militaire ! La bombe A, lancée par les Américains sur Hiroshima, au Japon le 6 août 1945, tua instantanément 80 000 personnes, puis des dizaines de milliers d'autres durant les mois et années qui ont suivi, suite aux retombées radioactives.

Pour en revenir au sujet, l'ambivalence touche la bonne conscience d'Einstein qui était pourtant connu pour être un pacifiste convaincu. En 1939, par une lettre, il informe le président américain Franklin Roosevelt des funestes desseins des nazis : l'armée allemande est à même de concevoir prochainement une arme atomique qui pourrait réduire l'humanité à néant ! Des scientifiques allemands travaillent sur le sujet avec des compétences notables. Roosevelt prend cet avertissement très au sérieux et la conséquence fut dramatique, puisque cela aboutira au fameux projet secret auquel Einstein ne participa pas, mais qu'il initia malgré lui, d'une certaine façon…

Plus tard, la guerre froide fut le prétexte d'un emballement, lors de la course à l'armement nucléaire. L'essai le plus marquant fut pratiqué par les Russes en 1961, avec un engin nommé « Tsar Bomba ». Sa puissance, cinquante mégatonnes, était environ quatre-mille fois celle de « Little Boy », un autre sobriquet stupide donné comme nom de code à la bombe A larguée sur Hiroshima. Tsar Bomba fut dirigée sur un archipel de l'océan Arctique, vitrifia toutes les installations « tests » dans un rayon de 50 km, brisa même des vitres à 700 km en Finlande. Elle produisit une boule de feu de 7 km de diamètre qui grossit en un champignon visible à 1 000 km, haut comme sept fois l'Everest.

Au dernier moment pourtant, il fut décidé de retirer deux des trois étages de la monstrueuse bombe, dont la partie la plus imprévisible, un compartiment novateur enfermant une bombe à fusion. En effet, le président Kroutchev prit cette décision afin, dit-il alors, « de ne pas briser tous les miroirs de Moscou ». On supposa aussi que les retombées radioactives impacteraient les populations du nord du globe.

Dès lors, les essais furent plus modestes, Tsar Bomba fit peur, rétrospectivement, à n'en pas douter : songez tout de même que la perturbation atmosphérique produite par l'explosion avait fait trois fois le tour de la Terre. Pour finir sarcastiquement avec cette bombe, dans l'équipe de physiciens qui a participé au projet, se trouvait un certain Andreï Dmitrievitch Sakharov qui a obtenu le prix Nobel de la paix en 1975.

La parenthèse historique fut certes longue, mais on ne peut pas dissocier les progrès scientifiques et ceux qui en sont responsables. Les pionniers de la science moderne ont tout de suite été conscients des bouleversements que pouvaient apporter leurs découvertes. Restons positifs ! Quand les révolutions scientifiques s'accompagnent de révolutions techniques, on observe généralement des conséquences bénéfiques au cœur des modes de vie. S'il ne faut prendre qu'un exemple pour illustrer cela, je pointe du doigt « la fée électricité » : pourriez-vous vous en passer ?

L'uranium est l'élément chimique vedette du présent chapitre. Voici deux ou trois petites informations supplémentaires le concernant. L'uranium est un métal lourd, essentiellement présent dans la croûte terrestre. Dans l'eau de mer, on ne le trouve qu'à l'état de trace, comme l'or et tant d'autres éléments. Son abondance est très modeste même si elle excède celle d'un autre métal connu, l'argent. On le trouve généralement dans une roche appelée pechblende. Sa radioactivité naturelle participe à la géothermie : c'est la principale source de chaleur du manteau terrestre !

Ce n'est pas une énergie renouvelable, car les stocks naturels sont limités et s'épuisent au cours de leur utilisation. Si on compare avec les énergies fossiles, les combustions de ces dernières produisent une énergie un million de fois inférieure à celle issue de la fission de l'uranium, pour une masse équivalente. Grosso modo, un gramme d'uranium enrichi dégage potentiellement au moins autant d'énergie qu'une tonne de pétrole, mais sans production de gaz à effet de serre.

L'ingénierie humaine a compris depuis longtemps que l'énergie est convertible, d'une forme à une autre : dans une centrale nucléaire, l'énorme énergie provenant de la fission de l'uranium ne sert qu'à chauffer de l'eau. L'eau ainsi vaporisée sous pression possède une force mécanique capable de faire tourner d'énormes turbines couplées aux alternateurs. Ce mouvement de rotation permet aux alternateurs de produire de l'électricité.

Un alternateur est un objet au principe basique. Il est constitué d'enroulement de fils de cuivre et d'aimants. Le mouvement d'aimants à proximité de bobines de cuivre provoque l'apparition d'un courant électrique récupérable aux extrémités de ces bobines de cuivre. C'est Michael Faraday (1791-1867), physicien et chimiste britannique, qui avait fait cette découverte. De plus, l'énergie se mesure en joule : l'énergie est convertissable, elle se transforme, mais il y a des pertes.

Bref, la fission de l'uranium est une technologie de pointe qui sert à chauffer de l'eau ! C'est ainsi dans toutes les centrales nucléaires : le voile est levé, ce n'est guère impressionnant finalement, et presque décevant ! Concernant les énergies propres et renouvelables comme les centrales hydrauliques ou les éoliennes, elles fonctionnent aussi avec le principe de l'association d'une turbine et d'un alternateur. Pour les centrales thermiques classiques, qui brûlent des énergies fossiles polluantes et non-renouvelables comme le charbon, le gaz ou le pétrole, on procède comme avec l'uranium : il faut chauffer de l'eau pour que ça turbine !

L'électricité produite est alternative et me fait penser à la guerre des courants aux États-Unis, à la fin du XIXe siècle. Thomas Edison, rendu célèbre par son invention, la lampe à incandescence, veut imposer le courant continu pour électrifier les villes. Il voit apparaître un sérieux concurrent, George Westinghouse qui veut développer le courant alternatif, moins coûteux, moins dangereux et transportable à longue distance comme son génial partenaire, Nikola Tesla, vient de lui prouver. De plus, Nikola, d'origine serbe, vient de mettre un terme à une humiliante collaboration avec Edison. Bien que le courant continu ait finalement perdu cette guerre, après bien des combats, Tesla en paiera le prix fort, avec une fin de vie misérable…

C'est une histoire riche avec d'immenses enjeux commerciaux. Edison, d'abord scientifique et inventeur, est devenu un homme d'affaires puissant et sans scrupule qui veut installer ses centrales partout en Amérique, ainsi que dans toute l'Europe. Pour discréditer l'adversaire, tout est bon ! Par exemple, l'influent Thomas finance l'élaboration de la première chaise électrique, mais en alternatif pour que ce courant soit associé à la mort. Mais comme cela ne lui suffit pas, il fait électrocuter publiquement des animaux, toujours en alternatif, pour montrer que cette technologie est définitivement funeste.

Je ne vais pas développer outre mesure, car je vous pousse vivement à vous documenter par vous-même. Et cela, surtout si vous aimez les récits animés par des personnages hauts en couleur dont les destins sont constellés de trahisons, d'humiliations, de succès, de déroutes et de détestations mutuelles, le tout sur fond de technosciences.

Mais attention, car la culture « geek » est passée par là ! La principale conséquence est positive puisqu'elle se traduit par une réhabilitation de Tesla. Mais avec la propension d'en faire un héros moderne, on rencontre aussi des abus. Son génie est incontestable, mais il s'exprimait davantage dans le domaine de l'ingénierie que dans celui de la physique théorique. C'est pourquoi il faut faire le tri parmi les informations, car on lui prête faussement quelques prouesses ou projets, notamment à la sauce « New Age ». En particulier, méfiez-vous des charabias sur l'énergie libre !

Les travaux des époux Curie succèdent aux découvertes du physicien allemand Wilhelm Conrad Röntgen, avec un point commun : les rayonnements. Ce dernier a pour passe-temps de faire des expériences avec des tubes en verre remplis de gaz rares auxquels il fait subir des décharges électriques : c'est la physique des tubes cathodiques inventés par William Crookes. Il découvre un rayonnement capable de traverser plus ou moins la matière, selon sa densité, et nomme « X » ces rayons inconnus jusqu'alors. En se servant de la main de son épouse, Röntgen fait en 1 895 la première radiographie : la main y apparaît tel un cliché en négatif, car les rayons passent plus facilement dans les tissus mous que dans les os. Son prix Nobel arrivera en 1901, mais la nature électromagnétique des rayons X ne sera comprise que plus tard.

Le rayonnement découvert par Becquerel en 1 896 est de nature radioactive et, en cette fin de XIXe siècle, on découvre deux rayonnements dont la nature et les applications restent à déterminer : ils ne sont pas de même type, mais bouleverseront la médecine en particulier. En 1897, Joseph John Thomson, dont j'ai déjà parlé lors de la longue histoire de l'atome, découvre l'électron grâce aux rayons cathodiques, car il possède des jouets semblables à Röntgen. Avant l'avènement des écrans LCD, les tubes cathodiques furent le composant phare des postes de télévision et des écrans d'ordinateur.

Le becquerel (Bq) est désormais une unité de comptage en physique : c'est le nombre de désintégrations par seconde, cette unité a remplacé le curie (Ci) qui est lié au becquerel par une relation de proportionnalité. Une banane est le siège de quatorze désintégrations par seconde à cause de sa richesse en potassium, et plus précisément l'isotope 40 : c'est donc 14 Bq pour ce fruit. Certains ont calculé qu'il fallait ingérer des millions de bananes pour être en danger, mais ce n'est pas le plus bizarre. Une unité informelle a été inventée : la dose équivalente en banane (DEB) afin de faire des comparaisons, et estimer une quelconque dangerosité. Ainsi, j'ai pu lire récemment que la radioactivité de l'eau de la station de Choisy-le-Roi est d'une demi-banane ! Loufoque, non ?

Il est temps de clarifier une notion de physique qui peut embrouiller tout l'exposé si je ne m'y attarde pas un peu. Un rayonnement : de quoi s'agit-il ?

Disons que c'est l'émission et la propagation de quelque chose qui a de l'énergie. Ce quelque chose a possiblement deux natures distinctes. On a d'un côté les tout petits grains de matière (des corpuscules), et de l'autre, on trouve des formes de lumière très énergétiques, invisibles à l'œil nu, qui appartiennent à la famille des ondes électromagnétiques.

Ainsi, les rayons X sont des ondes, une sorte de lumière pénétrante, comme les rayons gamma issus de certaines désintégrations radioactives. Les rayons alpha et bêta appartiennent à l'autre famille, ce sont des corpuscules et certaines sources radioactives mitraillent à tout-va, à coups d'électrons, de positrons et de noyaux d'hélium.

Dans les deux cas, corpuscules ou lumières invisibles à hautes énergies, cela fait des dégâts sur les cellules vivantes, animales ou végétales, qui peuvent mourir ou voir simplement l'ADN subir une altération. La cellule tente alors, tant bien que mal, de se restaurer, cela dépend des doses reçues ! Nos cellules humaines savent donc naturellement réparer les lésions de l'ADN, mais parfois, quand la reconstruction est incorrecte, elle est dite « fautive » et cela peut conduire à une mutation qui va perturber son devenir. Ça y est, c'est fait, j'ai évoqué cette notion de mutation qui siège exagérément dans l'inconscient collectif en l'association avec la radioactivité.

Pendant la Première Guerre mondiale, Marie Curie milite pour que la radiologie trouve sa place au front. Elle crée des ambulances qui furent surnommées « les petites Curie ». Ces véhicules sont équipés en matériel radiologique avec du personnel dédié. Assistée de sa fille Irène, elles forment des équipes médicales associées aux « petites Curie ». Elles participent au sauvetage de vies de soldats blessés.

Les chirurgiens peuvent repérer les dégâts osseux, être guidés lors de la mise en évidence des balles et les éclats d'obus. Les effets biologiques néfastes des rayons X, à fortes doses, sont observés et commence à germer la notion de radioprotection avec ses premières recommandations. Irène Joliot-Curie a reçu un prix Nobel de chimie en 1935, conjointement avec son mari Frédéric Joliot-Curie, pour la découverte de la radioactivité induite et la radioactivité artificielle.

S'il y a tant de choses à raconter sur Irène, ses travaux, sa participation politique au sein du Front populaire, la mise en place du commissariat à l'énergie atomique (CEA) sous l'impulsion de Charles de Gaulle, etc., je vais me contenter sinistrement de boucler cette affaire d'effets néfastes dus aux rayonnements, en rappelant qu'Irène connaîtra la même fin que sa mère : une leucémie. Toutes deux, fortement exposées à la radioactivité à cause de leurs recherches expérimentales, ainsi qu'aux rayons X à travers leurs activités, en payèrent le prix fort !

Pour l'anecdote, quand le corps humain est devenu transparent grâce à la découverte des rayons de Röntgen, ce fut un divertissement notable destiné au grand public. Parmi les pionniers, on trouve des conférenciers improvisés avec le sens du spectacle, ou bien d'autres qui en firent un funeste hobby à leurs dépens. Ils furent pour certains, plus ou moins agressés par les rayons X à coups de brûlures aux mains (radiodermites) qui conduisirent parfois à des amputations, ainsi que des décès prématurés. Ces conséquences mortifères provoquèrent définitivement la nécessité d'une réglementation dans les années vingt : la radioprotection !

L'imagerie médicale est diverse par les procédés. Par conséquent, il ne faut pas tout mettre dans le même panier en termes de dangerosité. Une radio par rayons X, de temps en temps ne pose pas de problème : il existe des normes qui doivent être respectées ! Ainsi, les examens subis doivent être en nombre limité, au cours de la vie d'un individu, et doivent être espacés dans le temps. Mais l'échographie et l'IRM opèrent par le biais de principes physiques différents qui font d'eux des procédés inoffensifs pour la santé.

<u>Résumé du chapitre</u> :

– Les atomes les plus lourds sont instables et se désintègrent : soit on les aide, car on veut utiliser l'énergie qui en découle, soit on laisse faire la nature à un rythme que l'on mesure avec un temps caractéristique appelé la « demi-vie ».

– La radioactivité est une conséquence de la désintégration : il y a émission de rayonnements.

– Un rayonnement provient d'une source. Il est constitué soit de grains de matière (les corpuscules), soit de photons comme dans la lumière, mais avec davantage d'énergie (tout cela appartient à la famille des ondes électromagnétiques).

– Concernant le danger pour le corps humain, il faut distinguer l'exposition qui est externe et la contamination qui agit en interne.

– S'il ne faut citer qu'une seule star de cette physique, ce sera Marie Curie.

– Les connaissances sur ce thème ont permis de tirer bénéfice de l'énergie nucléaire, mais des catastrophes ont eu lieu, civiles et militaires.

> *La science a fait de nous des dieux avant même que nous méritions d'être des hommes.*
>
> Jean Rostand

Marie, peux-tu éteindre ta lumière ?
Pfff ! Sans vouloir te jeter la pierre, Pierre, tu sais bien que je n'y puis rien, gros malin !

6
La gravitation, un sujet pesant

Nos lointains ancêtres préhistoriques savaient, je suppose, que des objets pesants peuvent tomber. Autant dire que ce phénomène a forcément été plus ou moins une source d'interrogations. Ainsi, depuis toujours, s'il y a réflexion à ce sujet, c'est soit à des fins utiles, soit pour s'en prémunir, ou bien afin d'en chercher une explication. Le sujet de la chute des corps voit s'écrire ses premières lignes dès l'Antiquité. C'est pourquoi, dans l'histoire des sciences, à l'instar de l'épopée de l'atome, cette chute a suscité des attentions diverses, et, par conséquent, des controverses.

En pensant à la gravitation, on peut y associer des notions scientifiques comme la force, le mouvement, la vitesse, etc. Tous ces mots sont propres à un domaine de la physique qui est la mécanique. Cette dernière est plurielle dans ses déclinaisons : la mécanique des fluides, la mécanique quantique, la mécanique statistique, la mécanique relativiste, etc. Elle est d'abord dite « classique » et va nous occuper, en toile de fond, tout au long du présent chapitre. Je vous laisse deviner qui en sera le personnage vedette. Indice : on enseigne toujours, et dans tous les pays, avec un intérêt fondamental, la mécanique newtonienne. La réponse n'est donc pas Aristote même s'il passera nous saluer avec ses célèbres concepts saugrenus.

Pour l'instant, je ne résiste pas à l'envie de revenir à l'époque évoquée au début de cette page. La notion de sciences chez homo sapiens et consorts a-t-elle un sens ? Ce sera oui, avec toutes les objections que vous voudrez bien mettre en avant pour apporter de la nuance. En effet, on peut considérer que la science a existé dès que l'être humain s'est mis à observer afin de trouver des solutions à divers problèmes. Alors je peux poursuivre sur cet élan en qualifiant de démarche scientifique tout ce qui procède par cet enchaînement : observations, recherches de solutions, mises en pratique, conclusions, retours d'expériences et améliorations… Ainsi, avec le pragmatisme comme paradigme, notre ancêtre préhistorique a pu faire évoluer ses armes de jet en les testant. Avec la survie comme contexte moteur, il observe l'efficacité de ses actions. Ce n'est pas une science qui cherche à théoriser, mais une science pratique qui peut se transmettre.

À propos de l'exemple précédent, le jet d'objets, pour la chasse si on veut être plus explicites, on devine que le chasseur a pu vite constater qu'un nouveau paramètre peut perturber une prévision, comme l'action de l'air en mouvement. Ainsi a-t-il dû tenir compte d'une nouvelle information de nature physique. Il y a donc bien de la mécanique, au sens qu'entend la physique, derrière tout cela, avec je le rappelle, du mouvement, des forces, de la vitesse, etc.

J'ai soudainement envie de vous faire part d'un raisonnement alambiqué. Le sport à l'école fut, un jour, qualifié d'« éducation physique et sportive ». Je feins alors de croire que le terme physique a été choisi pour son lien évident avec les sciences expérimentales du même nom. Cela s'exprime chez le sportif à travers la répétition des gestes grâce à un entraînement spécifique. Le cerveau intègre tous les paramètres nécessaires pour espérer parvenir à des automatismes parfaits, en fonction de contraintes qu'il faut dompter. La gravitation est un phénomène majeur à apprivoiser, aussi bien pour le chasseur néandertalien que pour le gymnaste, par exemple.

La science est ici appliquée ! Tel monsieur Jourdain qui faisait de la prose sans le savoir, d'autres pratiquent la science de la sorte ? Nous voici parvenus à unir les premiers êtres humains des temps jadis, avec les sportifs modernes, dans le versant expérimental de la physique, sans chercher à en comprendre l'autre versant sous-jacent, la théorie. La perpétuation de l'espèce a poussé Sapiens à résoudre ses problèmes avec des pulsions scientifiques. En effet, si la Terre l'avait nourri abondamment, sans le moindre effort, ni danger, avec un climat constamment clément, il aurait été bien moins urgent de maîtriser le feu, la roue, la poulie, les outils, la construction, l'agriculture, etc. « L'intelligence, c'est la faculté d'adaptation » avait subtilement remarqué André Gide.

Mais l'humanité a toujours manifesté ce petit truc particulier qui est la curiosité intellectuelle associée à l'art de la rhétorique. Utiliser et maîtriser un phénomène, c'est bien ! Mais le comprendre, ou chercher à l'interpréter, c'est mieux ! Inévitablement, un détour chez les penseurs grecs nous conduit à poser la question : qu'en pensait Aristote ? C'est un peu facile de railler l'illustre personnage aujourd'hui. N'oublions pas que son travail est resté une référence pendant vingt siècles, avec des apports notables en philosophie. Et puis, si je fais le malin à son propos, c'est facile de nos jours, avec l'instruction que j'ai reçue, et la chance de bénéficier d'accès aux savoirs de qualité, à foison. Sans cela, dénué de génie, de par mes seules observations au quotidien, je me serais davantage rapproché du penseur antique, plutôt que d'un savant de l'époque moderne. L'héliocentrisme n'est pas si évident si on se contente d'observer le soleil toute une journée…

Le raisonnement d'Aristote procède ainsi : la connaissance vient des sens, alors la raison et la logique prennent le relais. Par conséquent, point d'expériences en vue ! La théorie n'étant pas confrontée à la réalité, alors il ne s'agit pas de sciences ! La gravitation, selon notre ami grec, est liée à sa théorie des quatre éléments. Les choses sont présentées de la sorte : les corps lourds tombent et les corps légers montent. Par exemple, la pomme tombe de l'arbre et la fumée s'élève. C'est évident et on ne va pas perdre son temps à faire des expériences sur ce que comprennent très tôt, instinctivement, les plus jeunes enfants. Ne commencez pas à compliquer les choses en faisant remarquer que la fumée, après dispersion, finit toujours par retomber pour se déposer quelque part. Faites un effort et restez superficiel pour avaler ce qui va suivre !

Pour comprendre la mécanique d'Aristote, il faut d'abord savoir que notre Univers a pour centre la Terre. Entre notre planète et la Lune, se trouve le monde dit « sublunaire » qui est tout simplement le monde terrestre. Au-delà, et à partir de la Lune, se trouve un monde immuable, le monde céleste avec des objets comme le Soleil scotché à la surface d'une sphère ayant la Terre pour centre. Chacune des sphères concentriques, sur lesquelles on peut trouver une étoile ou une planète, tourne autour de la Terre. Le monde sublunaire dans lequel l'être humain se débat n'est pas immuable, bien au contraire, car il est celui des changements et des transformations.

Le modèle complet est constitué de découpes en couches concentriques. Dans cette vision, la Terre occupe d'abord la position la plus basse, au-dessus se trouvent l'eau, puis l'air et par-dessus tout vient le feu. La physique devient simple à comprendre alors, si vous parvenez à concevoir ceci : tout élément possède un lieu naturel, et, s'il en a été séparé, il voudra le regagner. Les éléments lourds (la terre, l'eau) veulent aller vers le centre de la Terre qui est aussi le centre du Monde. Les plus légers, comme l'air et le feu, veulent s'éloigner en direction de la périphérie du monde sublunaire.

Maintenant on en sait suffisamment sur la gravitation, et même sur la mécanique des mouvements naturels. C'est plié et tellement moins prise de tête que les équations d'Einstein, n'est-ce pas ? Si j'ai bien compris le principe, cela semble même facile d'extrapoler. Je tente un truc : par exemple, si un oiseau vole, c'est qu'il doit être essentiellement constitué d'air ? Si je tombe au bas des escaliers, c'est parce que je dois être essentiellement constitué de terre ? Retenons le plus important, l'idée motrice : la Terre est le centre de tout ! Ptolémée va asseoir solidement le géocentrisme, au IIe siècle après J.-C., avec un ouvrage qui s'appuie sur la géométrie, mais sans la physique. En fait, on le sait bien, l'affaire n'est pas réglée puisque certains auront, plus tard, le culot de revisiter ces affabulations…

Nicolas Copernic (1473-1543) était un astronome polonais qui a dépoussiéré tout cela en remettant en cause le géocentrisme aristotélicien. Avec lui, la Terre perdait sa position centrale dans l'Univers en tournant autour du Soleil. L'héliocentrisme se fait connaître en résultant du fait que c'est au « petit » de tourner autour du « gros », et non l'inverse. C'est une des deux claques reçues par les partisans d'Aristote dont la mécanique est ainsi mise à mal. En effet, tous les mouvements des corps lourds montraient qu'ils voulaient rejoindre le centre de l'Univers, et cela faisait de la gravitation un phénomène singulier, propre à la Terre. Mais après le passage de Copernic, il faut envisager que la gravitation soit multiple, disons plutôt universelle : c'est le deuxième coup ! Par exemple, un corps lourd tout près de la Lune préférera rejoindre la Lune plutôt que la Terre. Les deux camouflets sont les suivants : la Terre n'est pas en position centrale dans l'Espace, et la gravitation existe ailleurs. La mythologie des quatre éléments n'a plus aucun sens...

Copernic, méfiant, va attendre l'approche de sa mort pour publier ses travaux. Il le fera en latin, avec de belles courbettes adressées au Pape, afin de tenter de justifier un droit à la liberté d'expression. On aimerait tant que l'accès à ce droit soit un problème qualifié « d'histoire ancienne ». Or, il est rageant de constater que la fragilité de cette liberté fondamentale demeure d'une cruelle et brûlante actualité : affligeant ! Alors que l'Église catholique romaine de l'époque se montrait menaçante quand elle pensait son pouvoir menacé, Copernic va tout de même libérer les savants de leurs préjugés théologiques.

Ainsi, l'astronome allemand Johannes Kepler (1571-1630) enfonce le clou. En étudiant le mouvement des planètes, il montre qu'elles se déplacent d'autant plus rapidement qu'elles sont proches du Soleil. Ses observations du ciel lui permettent de trouver une constante qui unit les planètes entre elles, lors de leur voyage autour de leur même étoile. En effet, cette valeur fixe fait le lien entre le temps nécessaire aux planètes pour faire leur révolution autour du Soleil, et une distance caractéristique qui les en sépare, une grandeur nommée demi-grand axe de l'orbite elliptique. C'est plus simple que cela en a l'air, la prouesse est avant tout d'avoir trouvé une formule qui confirme et théorise mathématiquement les pensées coperniciennes. De plus, il comprend que la gravitation est un phénomène attractif. Il précise : entre deux corps massifs, l'attraction est mutuelle, il s'agit d'une action réciproque ! Les lois de Kepler, ainsi que sa vision d'une gravitation attractive et interactive, seront à la base de l'œuvre du génial Newton. Mais avant cela, entre en piste un certain Galilée.

L'astronome et physicien italien Galileo Galilei (1 564 – 1 642), dit Galilée, possède un nom amusant ! La dernière remarque est sans intérêt ? OK ! La lunette astronomique dont il a amélioré le grossissement lui permet de découvrir des montagnes lunaires et des taches solaires. Il s'aperçoit aussi d'une grande nouveauté : d'autres planètes ont des satellites. Bref, il bouscule et démonte, à son tour, le monde céleste immuable d'Aristote. Il est en accord avec la pensée de Copernic, notamment sur le fait que la sphéricité des gros objets célestes résulte d'une gravité propre qui en explique la géométrie, et en assure la cohésion.

Le plus important à raconter sur Galilée, c'est qu'il est le père emblématique de la démarche expérimentale. Pour faire simple, il multiplie les expériences pour confirmer, comprendre et remettre en cause des idées. C'est ainsi qu'il est devenu l'artisan d'une nouvelle physique, qui mêle mathématiques et mise au point de protocoles expérimentaux. Cela débouchera sur les bases de la mécanique classique. Voici maintenant comment, en deux temps, il va à son tour, broyer les idées d'Aristote…

D'abord, notre philosophe grec disait qu'il est de la nature des choses de tomber d'autant plus vite qu'elles étaient lourdes. Testez cela avec une plume et une boule de pétanque, et vous crierez au génie de l'ancien ! Galilée a compris que les choses n'étaient pas si simples, et qu'il fallait tenir compte d'un paramètre bien gênant, la résistance de l'air. Alors comment s'en affranchir : créer du vide était impossible à cette époque ! Si on vous a raconté que Galilée travaillait du haut de la tour de Pise, hé bien c'est faux !

À Padoue, en Italie, Galilée et ses disciples laissent tomber, à différentes hauteurs d'un bâtiment, des objets de même forme afin que les effets de l'air soient semblables. Pour cela, il faut prendre des boules de différentes densités, ayant différentes masses comme une boule de métal et une boule de liège. Il joue sur un seul paramètre, la masse, en s'appliquant à garder des conditions identiques par ailleurs, notamment l'action de l'air et la hauteur de chute. Les boules tombent, grâce à son invention, « la boîte à chutes », qui permet de lâcher les sphères en même temps. Le résultat est toujours le même : quelle que soit leur masse, les objets tombent à la même vitesse et touchent le sol en même temps !

Ce n'est pas si intuitif cette notion, n'est-ce pas ? Arrachez une page de ce livre pour la laisser tomber de votre hauteur, bras tendus, en même temps que l'ouvrage. La feuille virevoltera et touchera le sol en second, car les effets de l'air sur celle-ci ont plus d'impact. Alors, pour éliminer l'action qui pousse l'objet à virevolter, il suffit de poser la feuille sur le livre, de les laisser choir simultanément, puis d'observer avec ravissement qu'ils ont voyagé ensemble tout le long.

Voici la seconde secousse galiléenne qui ébranle les esprits adeptes des pensées aristotéliciennes. En passant, vous avez noté dans ce chapitre que, lorsque des adjectifs dérivent de noms propres pour devenir usuels, alors on est certain que ces personnages sont illustres. Pour Aristote, une belle preuve que la Terre est immobile au centre de l'Univers est justifiée en lâchant un objet. La chute de ce corps est verticale. Or, si la Terre était en mouvement, elle se serait déplacée, le temps de cette chute, et l'objet ne tomberait pas exactement à la verticale, cette droite qui passe par le centre de la planète…

Galilée gâche tout cela, et il prouve que c'est un petit peu plus subtil ! L'idée est la suivante, il l'emprunte à son compatriote Giordano Bruno. Placez-vous dans un bateau, enfermé dans sa cale, sans vue sur l'extérieur : laissez tomber un objet en chute libre, cela devient une manie, c'est-à-dire sans lui donner de vitesse initiale. Alors l'objet tombera toujours sur le plancher, au même endroit. Cela, que le bateau soit immobile ou en déplacement à vitesse constante, que vous le sachiez ou pas.

Répétez l'expérience en lâchant un objet lourd et sphérique, peu contraint par l'air, en haut du mât du même bateau. Cette boule tombera au pied du mat, que le bateau soit immobile ou en translation rectiligne uniforme.

Bref, Aristote n'a rien prouvé, car c'est la même chose, d'un point de vue mécanique, l'immobilité ou le déplacement à vitesse constante, comme celui de la Terre. Si vous avez un doute, faites une expérience dans le TGV lancé à 300 km/h et faites un saut vertical dans le couloir : où retomberez-vous ? Un peu vers l'avant, ou bien décalqué au fond du wagon ? Vous resterez sur place ! Vu de l'extérieur, vous aurez décrit une courbe. Heureusement qu'une vitesse constante a les mêmes effets que l'immobilité.

Imaginez la difficulté que cela serait de vous servir un thé, dans un avion, s'il fallait placer sa tasse en décalage par rapport à la théière, en fonction à la fois de la vitesse de l'engin mais également de la hauteur entre les deux objets. C'est du délire ! Voici la clé : quand on lâche un objet dans un véhicule qui se déplace à vitesse constante, l'objet en question possède déjà une vitesse, celle du véhicule. Je ne vais pas développer la mécanique sous-jacente, ni la notion de référentiel dit « galiléen ».

Je le répète, c'est un peu facile de se moquer d'Aristote. Mais si sa contribution aux sciences fut désastreuse, la faute en revient d'abord, et avant tout, au pouvoir de l'Église qui trouvait parfait de placer la Terre et l'être humain, des créations divines, au centre de tout ! Pour l'Église, il ne pouvait pas en être autrement, à moins d'être accusé d'hérésie. Galilée a pourtant fait le malin pendant un temps. Ses idées, ses conclusions expérimentales, ses observations, il les a mises en avant dans un ouvrage où dialoguent trois interlocuteurs. Cet écrit met donc en charpie la physique d'Aristote. Les dialogues, parfois séditieux, font intervenir Salviati, le porte-parole de l'écrivain, défenseur de l'héliocentrisme, ainsi que Sagredo, un personnage sans a priori, ouvert au dialogue et enfin, Simplicio, tenant de la tradition aristotélicienne, l'idiot de service, défenseur du système géocentrique.

Dans cet ouvrage, intitulé « Le Dialogue sur les deux grands systèmes du monde », le pape Urbain VIII, qui en avait fait naïvement la commande, s'est reconnu dans le personnage de Simplicio. Aïe ! C'est pourquoi Galilée est condamné par le tribunal de l'Inquisition qui le fait abjurer en 1 633. Il renonce solennellement à ses opinions et sauve ainsi sa vie.

Le savant aurait discrètement marmonné, ce qui est peu probable tant le risque était grand : « Eppur si muove » (et pourtant elle tourne) à propos du mouvement de la Terre. Déjà vieux, abandonné et déprimé, il sera assigné à résidence, perdra la vue peu de temps après, et n'aura jamais eu le courage d'un Giordano Bruno auquel il devait probablement penser tout au long de son procès.

Le cran et la détermination de Giordano Bruno sont impressionnants. Il a connu quelques années auparavant, sans trembler, le même tribunal que Galilée, mais avec une issue fatale. En 1584, Giordano Bruno écrit « De l'infini de l'Univers et des mondes » avec des idées fortes. Il y affirme que la Terre n'est pas au centre de tout, elle siège dans un Cosmos infini ou le Soleil n'est qu'une étoile parmi d'autres. De plus, il faut envisager la vie extraterrestre comme plausible. Il défend les positions de Copernic alors que ce dernier ne les assumait plus. Il possède des points de vue sur les mouvements que Galilée va reprendre. Il est reconnu pour ses talents d'orateur, son érudition et clame son souhait que la religion soit davantage tournée vers l'amour, afin de bannir la notion d'exclusion au sein de l'humanité.

C'en est trop pour l'Église qui le fait arrêter en 1 592 pour le torturer à maintes reprises. Régulièrement, il aide le Saint-Office à rédiger des formules d'abjuration puis, une fois le texte terminé, il le renie avec le même aplomb qu'il adoptera sur le bûcher. Il est brûlé avec la langue clouée, de peur que ses idées se propagent. On comprend pourquoi, trente-trois ans plus tard, Galilée se montre terrorisé dès son arrestation. Sa rétractation valut à ce dernier un rachat partiel, 360 ans plus tard, par le pape Jean-Paul II. Mais toujours rien à ce jour, pour Bruno, plutôt peu mis en avant, en outre, dans l'histoire des sciences.

Einstein a dit : « La science sans religion est boiteuse, la religion sans science est aveugle." Aurait-il osé clamer sa pensée devant la Sainte Inquisition ? Entre-temps, le fameux Siècle des lumières a éveillé les consciences sur des valeurs qui unissent et élèvent le genre humain. Puis viendra la laïcité qui offre le cadre idoine pour que s'épanouissent les trois mots de la devise nationale, au cœur de la République. Pourtant aujourd'hui, l'obscurantisme et sa complice insidieuse, la lâche compromission qui transige avec les consciences par accommodements successifs rétrogrades, gagnent inexorablement du terrain : jusqu'où ? Face aux outrages, les sciences participent à la lutte !

Les précédents paragraphes sont des résumés de riches sujets de l'histoire des sciences, avec l'Inquisition comme funeste décor, et comme protagonistes ceux qui prennent des risques à vouloir sortir la connaissance des ténèbres. Trop de choses sont à dire sur les travaux de ces scientifiques, leurs voyages, leurs legs, leurs rencontres, leurs paroles, leur courage, etc.

La personne dont il va être prochainement question est un génie qui va difficilement être décrit avec sobriété, tant il est facile de remplir des pages à son sujet. Isaac Newton (1 642 – 1 727) possède un curriculum vitæ impressionnant : physicien, mathématicien, philosophe, alchimiste, astronome, théologien anglais, entre autres…

Durant un épisode de peste qui sévissait en 1 665 à Londres, Newton dut vivre confiné à la campagne presque deux ans. C'est là qu'intervient la légende de la pomme. Elle tombe de l'arbre et provoque un questionnement chez Isaac qui aboutira à une relation entre la chute d'un corps à la surface de la Terre et le mouvement de la Lune. Quand, quoi que ce soit tombe, pensez-vous tout de suite à la Lune ? Quel est ce lien ? Et si un nouveau Newton se révélait à cause des célèbres confinements covidesques ?

En réalité, il a fait davantage que comprendre que la Lune était attirée par la Terre, comme l'est la pomme. Il en a déduit un principe universel traduit mathématiquement. Sa grande force provient de sa maîtrise des maths. Ainsi, Newton apparaîtrait sans hésitation dans un livre intitulé « Les maths pour ceux… » ! Bref, il a traduit à l'aide d'une formule le fait suivant : deux corps ayant une masse s'attirent proportionnellement au produit des deux masses. De plus, cette formule indique qu'il ne faut pas seulement multiplier les deux masses, mais aussi diviser le résultat par la distance qui sépare leur centre, au carré. La prouesse est d'avoir prouvé cela !

Ce n'est pas rien, grâce à cela, on peut envoyer dans l'espace des fusées, prévoir les éclipses, calculer les trajectoires de l'immense majorité des corps célestes, etc. Ce qu'il faut retenir avant tout, c'est que n'importe quelle masse agit sur une autre par une attraction. Non seulement c'est réciproque, mais aussi de même intensité. Cette loi est universelle !

L'action gravitationnelle voit donc sa valeur augmenter proportionnellement à la masse. Mais elle diminue quand la distance augmente, très rapidement, puisque c'est au carré. Cette dernière idée signifie que si je m'éloigne du centre de la Terre en doublant la distance qui m'en sépare, alors l'attraction est divisée par deux au carré, c'est-à-dire par quatre ; en triplant la distance, l'attraction est divisée par trois fois trois font neuf. Pour la masse, c'est plus facile à comprendre. Par exemple, sur la Lune, moins massive que la Terre, on s'y sent plus légers. Il se trouve que l'attraction y est six fois moindre que sur Terre. Si, en fusée, on rasait l'énorme planète Jupiter, on serait écrasés au fond du siège, en se sentant 2,5 fois plus lourds que sur Terre. Mais cela irait mieux en s'éloignant puisque l'interaction gravitationnelle diminue avec la distance.

En outre, puisque toutes les masses sont concernées, votre smartphone exerce bien sur vous, une force d'origine gravitationnelle, et vice-versa. On peut calculer la valeur de cette force, et devinez avec quelle unité ? Le newton ! Bravo ! Le résultat est si petit qu'on comprend qu'on « ne fait pas le poids » face à la Terre.

Prenez-vous, un instant, pour un Jedi maîtrisant la Force. Placez un petit verre d'eau sur une table devant vous et tendez le bras afin que le verre vienne à vous. Entre vous et le verre, il existe une force d'origine gravitationnelle qui se calcule sans problème et l'attraction qui en résulte fera bouger le plus petit des deux vers le plus gros. Rien ne se passe, vraiment, n'est-ce pas de la mauvaise volonté de votre part ?

La Terre gêne pour l'expérience puisqu'elle exerce sur le verre une action vers le bas plus d'un milliard de fois plus grande qui scotche le verre contre la table. Même le stupide moustique, qui entre-temps, a cogné le verre, a eu un impact plus fort sur l'objet si on le compare avec votre action à distance. Allons dans l'espace, loin de toutes planètes et de toutes étoiles, c'est parfait ! Le verre va se mouvoir petit à petit vers vous. Bravo Padawan !

Et la Lune ? Pourquoi n'a-t-elle pas rencontré la Terre, depuis le temps qu'il existe une interaction attractive entre notre planète et son satellite ? Et puis, pourquoi n'avons-nous toujours pas percuté le Soleil, pour les mêmes raisons ? Newton expliquait cela à l'aide d'un dessin qui représentait une montagne au sommet de laquelle était placé un canon. On supposera la montagne suffisamment haute pour qu'au sommet, l'atmosphère ne perturbe pas l'expérience en freinant les boulets de canon. Il n'y a donc pas d'air, mais on sait bien qu'il n'existe aucune montagne de ce type sur Terre. Peu importe, la démonstration est abstraite.

Le canon lance ce boulet en ligne droite, perpendiculairement à la verticale du lieu. La seule force subie par le boulet en mouvement est due à l'attraction de la Terre. Alors la trajectoire est courbe, on dit « parabolique », et le boulet finit par retomber sur la Terre, à l'altitude zéro. En donnant plus de vitesse au boulet suivant, il part plus loin, parcourt plus de chemin, et sa trajectoire courbe le fait arriver au sol à une distance plus éloignée de la montagne. En poursuivant ce raisonnement, on finit par lancer un boulet à la bonne vitesse, afin qu'il fasse le tour de la Terre, avec une trajectoire circulaire, à l'altitude correspondant au sommet de la montagne. Le boulet revient à son point de départ après avoir décrit un cercle complet. Si rien ne vient le contrarier, il repart pour un nouveau tour, avec la même vitesse qui restera constante.

Voici expliqué le principe de la satellisation. Alors, il faut simplement comprendre que la Lune est le boulet de canon naturel de notre planète : sans la Terre, sa trajectoire serait en ligne droite, à vitesse fixe tant qu'aucun objet céleste ne viendrait perturber cela. La vitesse de la Lune, acquise lors de sa formation, est parfaite pour la maintenir sur orbite : freinez-la et elle tombera, accélérez-la et elle s'éloignera de la Terre…

En 1687, Newton publie "*Principes mathématiques de la philosophie naturelle*". La philosophie naturelle désigne « le travail scientifique », ça en jette, non ? Il synthétise les lois de Kepler sur les trajectoires planétaires, et les avancées de Galilée sur la chute des corps. Il présente le principe d'inertie, l'égalité de l'action et de la réaction, les notions de forces, de chocs, d'accélérations, etc. La loi de la gravitation introduit une constante nommée constante de gravitation universelle. La formule fonctionne avec ce coefficient multiplicateur unique, mais il fut problématique de le déterminer avec précision malgré son génie.

Isaac suggéra des expériences, mais il faudra attendre Cavendish, physicien anglais, qui consolidera la formule mathématique de Newton, avec une expérience en 1796 : la constante gravitationnelle fut approchée à 1 % de différence avec la valeur admise actuellement. Le dispositif expérimental use d'un pendule de torsion avec deux grosses masses en interaction gravitationnelle, au sein d'un dispositif d'une grande sensibilité. Bref, une prouesse pour l'époque : cette expression est utilisable copieusement dans l'histoire des sciences.

Le présent chapitre traitant de la gravitation, la mécanique classique est sous-jacente. Toutefois, avec Newton, on peut très vite développer d'autres sujets. Ainsi, dans *Optiks*, sciemment publié seulement en 1704, après la mort de Robert Hooke, afin qu'il n'ait pas le privilège d'accéder à une connaissance scientifique jubilatoire, fut notamment dévoilé que la lumière du soleil est décomposable en un spectre coloré.

Newton a éclipsé les travaux de son compatriote Robert Hooke. Il se trouve que les deux hommes sont connus pour leur rivalité qui mena à une célèbre détestation mutuelle. Hooke était brillant et intuitif, il comprend le premier, sans savoir le démontrer, que la gravitation est inversement proportionnelle à la distance élevée au carré. Il affirme qu'un corps céleste possède un mouvement en ligne droite, à vitesse constante, sauf si une force externe vient à agir sur lui, le détourne et l'oblige à décrire une courbe. Dès 1670, bien avant le fameux ouvrage « *Principia* » de Newton, Hooke parle de la propriété attractive des corps massiques.

La principale dispute entre les deux hommes a pour thème majeur d'identifier qui possède l'antériorité de la découverte de la loi de l'attraction universelle. La haine entre les savants s'est construite au fil du temps. D'un côté, Hooke se montre provocateur et querelleur, et de l'autre, Newton refuse de communiquer ses travaux, ni de reconnaître avoir eu vent de quelques idées en provenance du détesté Robert, à propos de la gravitation. Mais si Newton garde tous les honneurs pour la découverte de la fameuse loi, c'est avant tout parce que Hooke n'a pas su traduire mathématiquement ses bonnes intuitions.

Le plus grand tort de Newton fut d'avoir répugné à publier ses travaux. Communiquer bien des années après, sur des thèmes qui animaient les journées du savant, c'était prendre le risque de ne pas se voir accorder la paternité d'une découverte, coiffé au poteau. Célibataire tourmenté, parfois dépressif, n'ayant pas envie d'échanger avec ses contemporains, il était un bourreau de travail oubliant souvent de se nourrir ou de dormir. Par contre, moi j'ai faim, je fais une pause ! Après, je ferai une sieste : bref, je sens que ce n'est pas encore aujourd'hui que je vais faire la moindre découverte…

Quand on parle de la gravitation, il est bon d'aborder aussi la gravité, la masse et le poids. D'abord, la gravitation est une des quatre interactions fondamentales qui régissent l'Univers. Ce sujet a été évoqué dans le chapitre sur le Big-Bang, notamment à travers le souhait de trouver un jour une théorie qui unira ces quatre piliers. La gravitation règne sur l'infiniment grand, les trois autres s'affairent dans le monde quantique.

La gravité est la manifestation de la gravitation sur Terre. Rien de plus ! Ainsi, pour nous, la gravité se manifeste avec notre poids. Confondre « gravité » et « gravitation » n'est pas très gênant ! La Terre est responsable de notre poids en nous attirant. Donc, le poids d'un corps est une force attractive, à distance, exercée par la Terre, sur toute la matière de ce corps. C'est pourquoi le poids s'exprime en newtons, comme toutes les forces. La masse se mesure en grammes ou en kilogrammes, avec une balance. La masse est liée à la quantité de matière. Ainsi, chaque atome d'un objet possède une masse.

Il ne faut pas confondre masse et poids ! Si on allait sur la Lune, avec les mêmes atomes qui nous constituent, on y aurait la même masse, car la quantité de matière demeure telle quelle. Mais pas le même poids ! Une grandeur physique mesure la gravité en un lieu ; elle se nomme « l'intensité de la pesanteur ». Il a déjà été évoqué que cette grandeur est six fois plus petite sur la Lune que sur la Terre.

La masse ne dépend donc pas du lieu, contrairement au poids contre lequel je lutte quand je monte les escaliers. Mais où aller sur Terre pour faire varier naturellement son poids, c'est-à-dire l'intensité de la pesanteur ? Pas question d'être dans l'eau pour faire jouer la poussée d'Archimède, il ne s'agit pas de fausser le problème en ajoutant une nouvelle force.

La Terre est un peu comme un ballon légèrement dégonflé. C'est la raison pour laquelle, à ses pôles, lieux où le ballon est légèrement écrasé, on se trouve au plus près du centre de la Terre. Conséquemment, les pôles sont les lieux de surface où on est le plus lourd. Afin de se sentir plus léger, il faut s'éloigner du centre de la Terre. Pour cela, il faut gagner son point culminant, l'Everest.

Bilan, dans les deux cas, loin du centre ou près du centre, comparativement aux 6 400 km de rayon moyen de notre globe, la différence est infime, alors la gravité varie avec un tout petit pourcentage. La conclusion est la suivante : partout sur Terre, on a une bonne approximation en retenant que la masse en kilogrammes d'un corps multiplié par dix donne la valeur de son poids. Maintenant, vous connaissez votre poids : pour simplifier avec une approximation correcte, lisez et arrondissez à l'unité ce que vous donne la balance en kg, ajoutez un zéro. Vous obtiendrez ainsi votre poids en newtons sur Terre.

En un lieu donné, masse et poids sont des grandeurs proportionnelles. L'intensité de la pesanteur, qui quantifie la gravité, permet de les lier. Même dans la station orbitale internationale, la gravité y est presque la même que sur Terre : 400 km d'altitude ne suffisent pas pour que les effets de l'attraction terrestre soient notablement affaiblis par cette modeste distance, car la perte avoisine seulement les 10 %. C'est négligeable !

Mais alors, ne sont-ils pas en apesanteur les astronautes dans l'ISS ? Bien sûr que non, puisqu'ils ont presque le même poids que sur Terre ! Or, apesanteur signifie « sans poids ». Pourquoi semblent-ils flotter alors ? Ils logent dans la station orbitale internationale en faisant comme le boulet de canon de Newton, ou comme la Lune.

Les occupants tombent à cause de l'attraction de la Terre, mais restent en orbite à cause de la vitesse du véhicule qui les abrite. Cette station fonce à 28 000 km/h et fait le tour de la Terre en une heure et demie. Dans la phrase précédente, vous pouvez remplacer station par le nom d'un passager, cela demeure juste, et ce dernier assiste à seize levers et seize couchers de Soleil par jour !

L'ISS se comporte, pour ses voyageurs, comme un ascenseur qui chuterait à vitesse constante. Dans un tel lieu, l'astronaute chutant à la même vitesse que son habitacle n'a pas plus de raison d'être attiré par le bas que par le haut, ni par les côtés. Par conséquent, la notion de haut et de bas n'a aucun sens puisqu'ils flottent et peuvent dormir indifféremment dans n'importe quelle position.

La désignation choisie pour ce phénomène est la microgravité comme la pratiquent certains avions dits « zéro-G ». Les pilotes de ces engins s'amusent à faire des chutes libres pour simuler les conditions d'un vol spatial. Bilan : la Terre tombe (vers le Soleil), la Lune et l'ISS tombent vers la Terre. Les masses respectives n'ont pas d'influence sur les trajectoires, car seules les vitesses comptent. Ces corps qui tombent n'ont pas de moyen de propulsion propre. C'est l'occasion de repenser à Bachelard qui vous invite à « penser contre le cerveau ».

Un séjour dans la station orbitale internationale peut sembler, de prime abord, bien plus amusant qu'un séjour dans les parcs d'attractions, en rendant ringards ces derniers. On a tous vu des vidéos, je suppose, qui montrent des scientifiques qui sont présumés peu puériles, s'amuser à se prendre pour Superman en volant d'une cloison à une autre. Parfois, ils jouent à la flotte qui flotte en formant de fascinantes boules d'eau. Ils font du vélo d'appartement ou du tapis de course, avec une vue imprenable et hors norme sur notre planète bleue, à travers un gros hublot. Ils font des sorties spatiales pour jouer à visser deux ou trois boulons, etc.

Bref, cela ne vous tente-t-il pas de faire du tourisme cosmique ? Je stoppe cette caricature qui sert de transition vers l'évocation d'un double prix à payer : dans l'espace, le voyageur fait face à un danger réel permanent, inhérent à ce milieu particulier, tout en subissant des atteintes à sa santé…

Avant de vous embarquer pour un décollage au cosmodrome de Baïkonour au Kazakhstan si vous êtes cosmonaute, à Kourou en Guyane si vous êtes spationaute, à Cap Canaveral en Floride si vous êtes astronaute, ou bien à Jiuquan en Chine si vous êtes taïkonaute (il y a d'autres centres spatiaux : au Japon, en Inde, etc.), veuillez être attentif à quelques contrariétés à appréhender. D'abord, vous pouvez aisément concevoir qu'une telle aventure serait, à cause d'un défaut inopportun et fortuit de la technologie, potentiellement plus dangereuse qu'une promenade à vélo.

Ensuite, vous connaissez aussi l'existence des innombrables débris spatiaux, du petit bout de métal millimétrique aux plus grosses pièces de plus d'un mètre. Alors, ces déchets possèdent une vitesse bien plus élevée qu'une balle d'une arme à feu. Ils sont capables de détruire un satellite ou provoquer une dépressurisation fatale d'un module habitable en orbite.

Mais en réalité, c'est pour votre santé que je m'inquiète le plus ! Les déplacements sans efforts à l'intérieur de l'ISS ont permis d'étudier quels sont les effets de l'absence de gravitation sur le corps humain. Les astronautes actuels sont les cobayes de l'espace, pour anticiper les problèmes de santé auxquels seront confrontés les futurs aventuriers vers Mars.

Les habitants de la station spatiale doivent pratiquer deux heures de sport par jour, afin de lutter contre la fonte musculaire. Mais il est difficile d'empêcher la perte de masse osseuse. La déminéralisation des os rend le squelette fragile. Le douloureux retour sur Terre nécessite une longue période de réadaptation. Autre effet de cette impesanteur : la colonne vertébrale s'allonge et les astronautes grandissent, dit-on, jusqu'à 5 cm au bout de six mois emprisonnés dans leur grosse boîte de conserve. Le cœur en pâtit également, il travaille moins et change de forme.

La circulation sanguine se réorganise. Une partie importante du sang de la partie inférieure du corps préfère migrer vers le haut, c'est-à-dire au niveau du thorax et de la tête. Les conséquences sont les suivantes : il y a un risque d'hypertension artérielle ou d'arythmie cardiaque. La vision est altérée pour plusieurs raisons : légère modification de la géométrie du globe oculaire qui s'aplatit à l'arrière, augmentation du flux sanguin dans le crâne ainsi que celle du liquide cérébrospinal. En fait, tout est lié, comme la perte partielle du goût pour laquelle on ne peut pas accuser la Covid.

Or, le sujet à traiter demeure la gravitation ! En l'occurrence, il s'agit plutôt ici de son absence ressentie. C'est pourquoi je ne vais donc pas trop m'attarder sur d'autres problèmes, comme celui des rayonnements solaires et cosmiques. Ces rayons sont plus dangereux sur l'organisme dans l'ISS que sur Terre. Pourtant, la magnétosphère joue tout de même son rôle protecteur puisque cette couche atmosphérique baigne encore les astronautes qui ne sont qu'à 400 km d'altitude.

Mais pour les voyageurs des différentes missions Apollo, plusieurs décès par insuffisance cardiaque furent plus ou moins liés aux radiations de l'espace qui provoquent des inflammations au niveau du système cardiovasculaire menant potentiellement à des obstructions des vaisseaux sanguins. Alors, gardez-vous toujours cette envie de partir, sur Mars par exemple ? Sur la planète rouge, il faut s'attendre à un rayonnement bien supérieur à celui reçu sur Terre. Par conséquent, les altérations de l'ADN sont en cours d'évaluation, ainsi que la baisse d'efficacité du système immunitaire.

Petit retour sur l'ineptie qui initie un précédent passage : la distinction, par le vocabulaire, qui désigne un voyageur spatial en fonction de la base de lancement. Ceci est un héritage de la guerre froide. L'espace n'étant pas marqué, pour l'instant, par des contours territoriaux, et la conquête spatiale étant de plus en plus propice à la coopération internationale, on perçoit le ridicule du propos... Ou bien devrait-on en profiter pour renommer chaque métier en fonction du pays hôte ? Je vous laisse mesurer l'absurdité d'un tel projet ! Bref, le terme astronaute sert finalement, consensuellement, à englober l'ensemble des voyageurs qui quittent un quelconque pas de tir.

Au début du XIXe siècle, on connaît sept planètes dans le Système solaire, dont la Terre. À cette époque, la plus éloignée de toutes est Uranus. Cette dernière a un comportement étrange concernant sa position. On doute alors des lois de Newton. On pense aussi à des erreurs observationnelles.

Le mathématicien et astronome Urbain Le Verrier, certain de la qualité des travaux de Newton, devine puis prouve qu'une autre planète perturbe la trajectoire d'Uranus. Davantage mathématicien qu'astronome, il va découvrir par le calcul, et non par l'observation directe avec une lunette, la dernière et huitième planète qui sera nommée Neptune. Peu de temps après, l'astronome Johann Galle validera, à l'observatoire de Berlin en 1846, la présence de Neptune. Rétrospectivement, elle fut déjà observée par d'autres qui croyaient à une étoile fixe, notamment un certain Galilée, en 1612, alors qu'il s'intéressait à Jupiter.

Le cheminement de la démarche mérite qu'on s'y attarde. À cause de sa trajectoire anormale, on pense d'abord à mettre en doute les travaux d'Isaac, en se focalisant sur l'action du Soleil sur Uranus : les lois de Newton sont-elles caduques à longue distance ? Pas du tout pense Le Verrier ! Comme il est persuadé du bien-fondé des théories du célèbre physicien britannique, il en déduit que le mouvement perturbé d'Uranus est d'origine gravitationnelle. Or, plusieurs mathématiciens sont sur le coup, dont l'anglais John Couch Adams qui trouve Neptune, un an avant Le Verrier. Avec certes un peu moins de précision, John omet de publier ses découvertes. Paroles contre paroles, ce sont les traces écrites qui permettent de trancher… Alors s'il vous plaît, ne tardez pas à diffuser vos trouvailles !

Fort de son succès, Urbain enchaîne avec un problème en apparence similaire : Mercure connaît quelques ratés de trajectoire quand on compare sa position et ce que prévoient les calculs. Alors, Le Verrier annonce la présence d'une nouvelle planète : ce sera Vulcain ! Elle serait située entre le Soleil et Mercure. Urbain annonce une date pour son observation, lors de l'année 1 877. Ce fut un fiasco, car Vulcain n'existe pas ! Outre son échec, il n'aura aucune explication de son vivant. En effet, les anomalies mercuriennes ne seront comprises qu'un demi-siècle après, grâce à l'ami Albert…

Cette mécanique newtonienne fonctionne plutôt bien. Elle explique le tournis qu'engendre la description qui va suivre. Nous vivons sur une toupie, car la Terre tourne sur elle-même avec une vitesse de rotation qui approche les 1 000 km/h en France. D'ailleurs, cette vitesse augmente en s'approchant de l'Équateur, jusqu'à 1 670 km/h. Il en résulte un effet de fronde utilisé pour favoriser les propulsions des engins spatiaux. C'est pourquoi la fusée Ariane est préférentiellement lancée depuis Kourou, en Guyane, plutôt que depuis le stade de France…

Notre planète, pour décrire son orbite autour du Soleil, fonce à 107 000 km/h dans le vide. Quand vous y repenserez demain, à la même heure, il faudra réaliser que vous aurez voyagé sur une distance de deux-millions et demi de kilomètres, en une seule journée. Impressionnant, faites-le savoir !

« Même pas vrai ! » hurle Jean-Donald, à propos de ces deux vitesses de rotation, « sinon je serais décoiffé ! » Or, il a déjà oublié qu'un mouvement uniforme a les mêmes effets que l'immobilité. Autrement dit, sa mèche restera en place tant qu'il n'y aura pas d'accélération lors de notre révolution autour de l'astre rayonnant. On en reparlera notamment quand la galaxie Andromède viendra bousculer la nôtre, dans au moins quatre-milliards d'années. De plus, pour que la Terre nous éjecte, à cause de sa rotation autour de l'axe des pôles, il faudrait qu'elle soit à l'origine d'une force centrifuge qui dépasse son action gravitationnelle. On en est très loin !

Accrochez-vous maintenant, on va aller encore plus vite, car nous n'avons pas d'autre choix que d'accompagner notre étoile qui fait son tour de la galaxie à 850 000 km/h. Le Soleil, ayant déjà fait vingt fois le tour de la Voie Lactée, on peut dire qu'il a vingt ans galactiques. Pendant ce temps-là, notre galaxie se déplace à environ deux millions de km/h vers je ne sais où ? Bref, visualisez l'ensemble de ces mouvements et admettez que notre vaisseau spatial Terre est un drôle de manège…

Newton renonça à comprendre la raison profonde du phénomène qu'il savait décrire. En effet, ce problème est bien complexe. Il se contenta d'admettre que la Terre est responsable de la gravité que l'on éprouve au quotidien, sans en saisir le mécanisme intime. Comprenez par mécanisme, quelque chose de détectable responsable de l'interaction entre deux masses. Une action magnétique ou électrique entre dans ce cadre. Ainsi, un échange de particules ou d'ondes permet de donner du sens à certains phénomènes.

Rien de tout cela avec la gravitation ? La pomme n'a, a priori, aucune raison de ne pas rester en suspens. Et pourquoi pas une répulsion d'ailleurs ? Pourquoi une attraction quand le magnétisme, partiellement analogue, est lui, capable des deux, quand deux aimants peuvent s'attirer ou se repousser selon les pôles magnétiques que l'on approche. Par conséquent, on se doute qu'il manque une dernière étape. Un dernier personnage emblématique doit permettre de boucler la présente saga sur la gravitation…

Malheureusement, cette loi newtonienne n'a pas qu'un défaut : d'une part, elle est prédictive sans expliquer vraiment pourquoi il en est ainsi, et, d'autre part, elle ne colle pas parfaitement à certaines observations. La première contrariété est venue, comme déjà évoquée, avec la planète Mercure dont le comportement, plus précisément sa trajectoire, ne correspond pas exactement aux calculs de la mécanique classique.

C'est pourquoi, voici le retour d'Albert Einstein ! On a déjà évoqué sa théorie qui explique la gravitation en jargonnant sur une déformation d'un mystérieux tissu élastique. Ainsi, pour Albert, une masse agit sur l'espace-temps, alors qu'Isaac se base sur une force immatérielle attractive à distance, sans explication physique tangible. Vous souvenez-vous de cet épisode du drap tendu, puis déformé par la boule de pétanque déposée en son centre ?

Nous voici au terme du chapitre, avec deux lois associées à chacun des deux protagonistes. Dans chaque cas, loi newtonienne ou relativité générale d'Einstein, on trouvera le même résultat si on étudie, par exemple, une chute libre comme celle de l'incontournable pomme, ou bien celle de la Lune. Mais pour les grandes actions gravitationnelles, comme Mercure qui est très influencée par ce Soleil si proche, ou plus extravagant encore, les trous noirs, c'est la relativité d'Einstein qui donne les bons pronostics. De plus, quand la vitesse d'un objet est très grande, il faut aussi lui préférer la vision d'Einstein pour l'étudier, car des distorsions apparaissent.

Enfin, les ondes gravitationnelles ont été récemment détectées, en 2015. Elles confirment les prédictions des équations de la relativité générale de vous savez qui ! Ce type de rayonnement est la signature des vibrations du tissu de l'espace-temps…

<u>Résumé du chapitre</u> :

– D'Aristote à Einstein, la gravitation est un sujet riche pour l'histoire des sciences. Elle s'intègre dans un domaine plus vaste : la mécanique.

– La mécanique, avec ses mouvements et ses forces, est notamment céleste : le géocentrisme imposé lors de l'Inquisition ne tient pas la route quand on connaît les principes de la gravitation.

– La gravitation est universelle, ce qui signifie qu'elle régit tous les mouvements dans l'Univers, et aide à prévoir son évolution. Elle est attractive et agit à très grande distance.

– Newton en est le génie emblématique. La gravitation se manifeste par une attraction des masses, proportionnellement à celles-ci, mais elle évolue de façon inversement proportionnelle au carré la distance entre les corps.

– Il ne faut pas confondre masse et poids. Ce dernier est une force, la manifestation d'une gravité dépendant du lieu considéré. La masse est invariante, car elle est liée à la quantité de matière. La masse et le poids sont bien des grandeurs proportionnelles.

– Pour Einstein, la gravitation est le résultat d'une déformation « élastique » de l'espace-temps que provoque chaque masse. Vous-même, vous déformez l'espace-temps, sobrement, car plus la masse est grande, et plus la déformation est importante.

– L'avenir réside dans l'étude des ondes gravitationnelles puisqu'elles existent : on en saura davantage sur l'Univers !

> *Il fallait être Newton pour apercevoir que la lune tombe alors que tout le monde voit bien qu'elle ne tombe pas.*
>
> Paul Valéry

J'en ai marre de tomber monsieur New-Pomme !
C'est pourtant noble de donner son corps à la science ! Des idées me viennent... alors remonte dans ce pommier Jean-Isaac !

Épilogue

Vous êtes parvenu jusqu'ici, alors félicitations ! Vous n'êtes définitivement plus concerné par le titre. Mais si vous vous êtes contenté des résumés, alors bravo quand même, mais c'est dommage, car contrairement aux textes, ils sont truffés d'erreurs ! Évidemment non ! Du moins, je l'espère, sinon je compte sur vous pour m'en informer…

Il serait dommage, voire ridicule de finir avec une évidence, une facilité, une paresse intellectuelle. Peu importe, je le fais quand même, êtes-vous prêt ? C'est parti : la physique n'a pas été traitée ici de façon exhaustive ! J'avais juste envie de le dire…

Ainsi, ont été précédemment dépeints grossièrement quelques pans des sciences physiques : la mécanique, la physique des particules, l'astrophysique, ou la chimie. D'autres domaines n'ont été qu'à peine frôlés durant ce périple : l'électricité, l'optique, la thermodynamique, l'électromagnétisme, la physique quantique, etc. Par conséquent, en approfondissant un tant soit peu, la substance ne manque pas pour l'éclosion de nouveaux chapitres. Ensuite, il suffirait de poursuivre avec des thèmes nouveaux comme l'acoustique ou la géophysique. Cela présagerait-il une suite mal dissimulée ?

Mais après tout, à quoi bon continuer ? Cela sert à quoi de s'encombrer la mémoire avec toutes ces notions ? Il est quand même un peu bizarre l'énergumène qui se demande pourquoi le ciel est bleu plutôt que vert ou orange, pourquoi deux aimants ont des pôles qui les font s'attirer ou se repousser sans qu'il soit question d'humeur, pourquoi a-t-on régulièrement des marées hautes et des marées basses qui bercent les bulots, quelle est la différence entre un cyclone et une tornade, pourquoi le plus lent des escargots sera toujours plus rapide que le courant électrique dans les circuits des appareils du quotidien, pourquoi le tonnerre est bruyant, pourquoi le verre est transparent, pourquoi les fientes des oiseaux sont plutôt noires sur les voitures blanches et plutôt blanches sur les voitures noires, en quoi est fait le mur du son, un ours polaire peut-il être bipolaire, etc. ? C'est saoulant les listes, non ?

On peut être heureux toute sa vie sans avoir les réponses à ces interrogations, ni même jamais se poser la moindre de ces questions ; oubliez celle de l'ours, elle est hors sujet ! Peut-être est-il alors opportun de demander l'éclairage de la philosophie sur les liens qu'exerce l'Homme sur les savoirs scientifiques ? Pour cela, prenons quelques heures afin de répondre aux sujets de bac, en vrac, qui vont suivre. Pourquoi rechercher la connaissance en sciences ? Connaître, est-ce le privilège de la science ? Les sciences progressent-elles vers la vérité ? La science peut-elle améliorer l'Homme ? Les connaissances scientifiques peuvent-elles servir à lutter contre le fanatisme ? Peut-on dire que la science fait surgir de nouveaux problèmes philosophiques ?

À vrai dire, je suis tout à fait certain de ne pas être suffisamment pertinent sur tous ces questionnements.

De plus, je renonce également tout de suite à déblatérer à nouveau contre l'ignorance, pour me contenter de rappeler qu'avoir soif de connaissances est très sain, une preuve de notre humanité. Ce qui me distingue du bulot est d'abord ma faculté d'être curieux, et parfois, à m'émerveiller. Pour autant, je ne suis pas certain de ce que j'avance impudemment, et je vais m'acheter dès demain « La philosophie chez les bulots pour les nuls » pour vérifier que je ne me montre pas un peu trop condescendant avec ce mollusque.

S'ouvrir aux sciences, c'est forcément, de mon point de vue, à encourager, à condition de rester attentif au reste, sans avoir la prétention de tout embrasser : l'art, les lettres, l'histoire, etc. Pas le platisme, définitivement non ! De surcroît, le mot science englobe de nombreux domaines. Malheureusement, certains, en quête de crédibilité, s'en réclament fallacieusement, comme les pratiquants de l'astrologie, la divination ou certaines médecines, et osent coller le mot science à leurs pratiques, notamment les sciences occultes !

N'oublions pas qu'on parle aussi des sciences humaines, à distinguer des sciences exactes. La hiérarchisation est implicite, improductive et devient ridicule quand certains vont jusqu'à distinguer les sciences dures des sciences molles : telles des parois abdominales ? Je ne vais pas m'attarder davantage, à l'aide une pirouette empruntée à Ken Keyes, à propos d'une préoccupation primordiale : « Le bonheur est une science qui s'apprend quotidiennement ».

Je trouve pénible de supporter durablement la compagnie d'un physicien qui n'aime et ne parle que de physique. C'est la même chose qu'aborder une conversation avec n'importe quel passionné monomaniaque qui parvient vite à vous ennuyer au fil des rencontres. Peut-être avez-vous déjà vécu cela quand, malgré vos tentatives pour y échapper, votre interlocuteur vous ramène toujours vers son unique préoccupation. Rares sont les gens passionnants, je le crains !

Comme vous êtes perspicace, vous venez de remarquer que je viens à nouveau de partir aux pays des digressions, comme dans chaque chapitre. Alors, je vais essayer de donner un peu de cohérence à cet épilogue, en y insufflant davantage de rigueur, en gardant un cap. C'est pourquoi je reviens sur les deux questions qui initient le début d'un précédent paragraphe : « Mais après tout, à quoi bon continuer ? Cela sert à quoi de s'encombrer la mémoire avec toutes ces notions ? » Le comble du narcissisme littéraire est atteint puisque j'en viens à m'autociter, il va être temps que cela se termine !

Avoir des bases scientifiques nous évite d'avaler n'importe quoi d'une part, et, d'autre part, de croire que les objets techniques sont magiques. On appuie sur un bouton et viennent, par exemple, la lumière, l'air climatisé, le son, etc. : il se cache de la physique dans la plupart des appareils, pas seulement dans la high-tech ! Cela mérite d'être creusé quelque peu…

On peut voir une des finalités des sciences physiques à travers le prisme des objets du quotidien. Sympa ce mot « prisme » quand on décrit une optique de la physique ! Les exemples qui suivront vous feront vous demander, désormais, quelle physique se cache derrière nos outils, nos machines et divers appareils domestiques ?

Les physiciens ont étudié l'optique des verres bombés et nous en bénéficions avec nos lunettes, jumelles, télescopes, projecteurs ou microscopes. L'étude des ondes a ouvert un large champ des possibles. On les utilise pour communiquer avec les satellites, les téléphones, la télévision, le wifi, etc. Mais ces mêmes ondes, qu'elles soient ultrasonores ou électromagnétiques, permettent également l'imagerie médicale. Les micro-ondes sont dans les fours éponymes.

Cela montre qu'une étude théorique approfondie ne débouche pas que sur des connaissances fondamentales, car les applications en sont souvent le prolongement. Nouvel exemple : des études en thermodynamique, avec des expériences de laboratoire, ont permis de comprendre comment « faire du froid », puis elles ont débouché sur le réfrigérateur ou la climatisation. Alors regardez autrement ces objets qui vous entourent, parce que dans de nombreux laboratoires, ont été faites, au préalable, de nombreuses expériences de sciences physiques avec parfois de belles équations à la clé.

Ainsi, voyez avec curiosité les haut-parleurs, le laser qui lit les DVD ou corrige les myopies, les batteries, les panneaux solaires, les processeurs, le vol des avions, le nettoyeur haute-pression, l'autocuiseur, le sous-marin, le four à induction, la pompe à chaleur, stop ! Encore une liste, interrompue heureusement à temps, car il y avait de quoi remplir tant de pages…

Une prolongation à ce prodigieux ouvrage (un peu d'autosatisfaction ne peut pas faire de mal, mais avec modération !) pourrait se concentrer sur davantage de réflexions : on peut se pencher sur des questions métaphysiques, ou bien encore sur des problèmes épistémologiques vers une gnoséologie des sciences. Moi non plus, je n'ai pas bien compris la fin de la phrase précédente ! Bref, les thèmes suivants seraient abordés : la définition de la science, le langage scientifique, les prérequis d'une validation. La science est-elle un phénomène social ? Est-elle ou doit-elle être déconnectée de la société ?

De plus, il serait bon de définir des mots-clés à l'aide d'exemples caractéristiques et emblématiques puisés dans l'histoire des sciences : principe, loi, fait, théorie, modèle, objet, mesure, observation, précision, causalité, déterminisme, démarche, hasard, etc. Enfin, viendrait le moment de prendre à nouveau un recul philosophique : qu'est-ce que la vérité en science, faut-il opposer relativisme et rationalisme, le progrès est-il inéluctable et/ou souhaitable, quelle part prend la science dans la connaissance du monde ?

Jean-Godzilla me souffle, peut-être à juste titre : « Il va être trop barbant ton prochain bouquin, on dirait ? ». De toute façon, je crains, je le répète, d'être vite intellectuellement limité par le manque de profondeur de mes réflexions propres. En effet, côté bagage intellectuel, je voyage léger ! Et puis surtout, tant de penseurs compétents ont eu, par sagesse et altruisme, l'occasion de s'exprimer sur tous ces points. Il suffit de faire l'effort de se tourner vers ce type d'écrits, à condition de ne pas se contenter des grognons déprimés comme Friedrich Nietzsche, pour qui « la métaphysique, la morale, la religion, la science sont considérées comme des formes diverses de mensonge : il faut leur aide pour croire à la vie. »

Ainsi, ce ne sont pas les pistes qui manquent pour une suite qui voudrait étoffer le propos. C'est pourquoi, voici une nouvelle proposition : la physique amusante ! Ça ne veut rien dire ? Ça semble futile ? Je me lance avec deux exemples, qui bien que rapidement survolés, seront plus persuasifs et plus plaisants qu'une présentation conventionnelle.

D'abord quelques mots sur les vaches de Gamow. J'ai écouté un podcast sur France Culture, où le physicien Etienne Klein racontait une anecdote sur le brillant physicien américano-russe George Gamow (1904-1968). Ce dernier, reconnu depuis longtemps dans la communauté scientifique comme un trublion de type blagueur invétéré, envoya au journal Nature, au milieu du siècle précédent, pour le premier avril, un article qui traitait des bovins. Il expliquait que les vaches mastiquent dans un sens dans l'hémisphère nord, et dans l'autre sens dans l'hémisphère sud, en accord avec les forces de Coriolis.

Cela m'amuse ! Je sais qu'il m'en faut peu ! Par ailleurs, le caractère loufoque du scientifique explique probablement pourquoi il n'a jamais eu de prix Nobel. Pourtant, ce touche-à-tout de la physique s'est montré très pointu dans divers domaines, notamment en mécanique quantique. Gamow aurait pu, potentiellement, être colauréat de la fameuse récompense suédoise.

Une dernière remarque sympathique concernant ce physicien touche à son goût pour la vulgarisation qui l'a occupé à travers une série de livres à succès, *M. Tompkins*. Ce personnage de fiction est un employé de banque, un doux rêveur aguiché par une rumeur : « Il n'est guère qu'une douzaine de gens dans le monde pour comprendre la théorie d'Einstein. Pourquoi ne serait-il pas le treizième ? » Je vous laisse découvrir la suite par vous-même.

Un second et dernier exemple concerne Erwin Schrödinger avec sa célèbre expérience du chat. Cet animal est enfermé dans une boîte avec un dispositif qui peut le tuer. Autant prévenir tout de suite que c'est une expérience par la pensée. Elle fait écho au monde des probabilités propre à la mécanique quantique qui régit le comportement des particules. Le chat ramène à notre échelle ce qui se passe réellement dans le monde dit « infiniment petit ». Le dispositif, que je ne vais pas décrire, peut tuer le chat n'importe quand, en libérant un poison d'une façon aléatoire. Cet animal, tant qu'on n'a pas ouvert la caisse, est à la fois mort et vivant : deux états sont possibles et superposables. C'est seulement en allant vérifier comment va le chat que l'on accède à un seul des deux états, les deux ne pouvant plus se superposer. Donc, dans la boîte close, le chat n'est ni mort, ni vivant, mais les deux à la fois. Dès qu'on ouvre la boîte, il est soit vivant, soit mort, car l'accès à l'information annule la superposition.

Si je ne développe pas davantage la notion d'état quantique, je termine quand même avec une ouverture en disant que ce problème apporte une illustration truculente à la théorie des univers parallèles, ou mondes multiples.

Par conséquent, avec ces deux exemples animaliers, les vaches et le chat, je montre qu'on peut parler autrement de la physique, en abordant divers aspects récréatifs qui mériteraient d'être développés. Dans le premier cas, on expliquerait la force de Coriolis attachée à la rotation propre de la Terre. On noterait qu'il faut oublier la légende du tourbillon au fond de l'évier qui tourne différemment d'un hémisphère à l'autre, car cela ne se vérifie qu'avec de grands volumes.

Dans le second cas, avec la mécanique quantique, on s'amusera à se retourner le cerveau avec des faits inconcevables à notre échelle, et on se demandera à quoi bon ? On s'émerveillera sur la notion de superposition d'états que brise une mesure ou une observation. Pourtant, aussitôt, il faut souligner que les applications de cette physique fascinante existent et surgissent petit à petit. Elles vont se développer avec le début d'une ère nouvelle pour les technosciences…

Pour finir, il faut reconnaître que l'ensemble de ces pages manquent de formules, exception faite de l'apparition fugace du fameux $E = mc^2$. On peut raconter tant de choses avec les mathématiques, ce prodigieux langage. Parfois, les identités intègrent ce qu'on appelle une constante. Il y en a quelques-unes en sciences, certaines portent même des noms et c'est ainsi qu'on a croisé précédemment la constante de Planck ou la constante de la gravitation.

Ces nombres, tels π (pi), sont souvent d'apparence bancale ! Ils possèdent des chiffres à l'infini après la virgule. Comment le cercle, qui semble être l'objet géométrique parfait, a-t-il pu se construire, ou exister, avec une valeur qui n'est pas entière : π = 3,141 592 653 589 793, etc. ? C'est ça la perfection ?

Et si un changement dans une constante était la raison pour laquelle la singularité a vacillé, chancelé, cédé pour donner le Big-Bang ? Une singularité, est-elle un monde où les constantes se cherchent ?

Bancal, je disais, et j'insiste, car je deviens complotiste à mon tour ! Tout cela cacherait-il un mystère ? Notre Univers serait-il basé sur des fondations inachevées et chancelantes ? De plus, si on changeait une seule décimale, parmi ces constantes de la physique, et cela, même très loin de la virgule, alors notre Cosmos s'écroulerait probablement, en perdant sa cohérence qui nous échappe par ailleurs. Incroyable non ?

L'édifice est-il donc fragile, et faut-il craindre, par conséquent, que tout puisse inexorablement finir par vaciller pour une raison inconnue à ce jour ? Cette impression subjective, vient-elle du fait que la science n'en est qu'à ses balbutiements ! Par conséquent, une théorie du « grand tout », comme on l'a déjà évoqué à l'occasion des mystérieux Big-Bang et des trous noirs, reste à dénicher et à formuler.

Mais cela vous intéresse-t-il vraiment de savoir pourquoi notre Univers existe, ainsi que la vie qui en découle ? En attendant, la physique est-elle bringuebalante ? Enfin, n'est-ce qu'une utopie cette quête d'une ultime théorie ? Ne sommes-nous pas voués à l'ignorance éternelle face à toute transcendance ?

Tout cela ne transpire guère d'optimisme et il serait navrant de se laisser envahir par le pessimisme. Prompt à basculer d'un côté ou de l'autre, au gré de mon humeur, je suis tout de même satisfait d'avoir trouvé ma constante. Elle n'apparaît pas dans les livres de sciences : ce n'est pas un nombre, qu'il soit entier ou « bancal » ! Je suis sur le point de vous faire une confidence…

Moins mystérieuse que la dualité onde-corpuscule déjà évoquée, je vais vous révéler ma propre dualité existentielle, dont la constante assumée est un point commun à dénicher dans la phrase de Georges Bernanos : « La seule différence entre un optimiste et un pessimiste, c'est que le premier est un imbécile heureux et que le second est un imbécile triste. »

Mais, voir le verre à moitié plein, ou bien à moitié vide, est une posture dangereuse, puisqu'elle mène, dans les deux cas, à l'inaction. Fort heureusement, l'imbécile a les clés pour s'en sortir puisqu'il est « in baculum », d'après son étymologie, c'est-à-dire sans bâton. Il faut comprendre que cette absence de canne pour le guider devient alors une chance. En effet, sans rambarde aliénante, il devient libre et peut mobiliser toutes les ressources de son cerveau qui apprend aussi en se trompant.

Ce point de vue me sied car, non seulement il permet de distinguer la bêtise de l'imbécillité, mais surtout, cela redonne un peu de confiance à ceux qui se dévalorisent ou sont intimidés face aux savoirs.

> *Se rendre compte qu'on est un imbécile est un signe d'intelligence.*
>
> Philippe Geluck

Schrödinger: Cimetière pour chats
D'après l'autre illuminé quantique, dans chaque tombe se trouve un chat mort et vivant à la fois !
Ne te plains pas ! Dans son délire, il aurait pu choisir des souris à la place !

Structures éditoriales du groupe L'Harmattan

L'Harmattan Italie
Via degli Artisti, 15
10124 Torino
harmattan.italia@gmail.com

L'Harmattan Hongrie
Kossuth l. u. 14-16.
1053 Budapest
harmattan@harmattan.hu

L'Harmattan Sénégal
10 VDN en face Mermoz
BP 45034 Dakar-Fann
senharmattan@gmail.com

L'Harmattan Cameroun
TSINGA/FECAFOOT
BP 11486 Yaoundé
inkoukam@gmail.com

L'Harmattan Burkina Faso
Achille Somé – tengnule@hotmail.fr

L'Harmattan Guinée
Almamya, rue KA 028 OKB Agency
BP 3470 Conakry
harmattanguinee@yahoo.fr

L'Harmattan RDC
185, avenue Nyangwe
Commune de Lingwala – Kinshasa
matangilamusadila@yahoo.fr

L'Harmattan Congo
67, boulevard Denis-Sassou-N'Guesso
BP 2874 Brazzaville
harmattan.congo@yahoo.fr

L'Harmattan Mali
ACI 2000 - Immeuble Mgr Jean Marie Cisse
Bureau 10
BP 145 Bamako-Mali
mali@harmattan.fr

L'Harmattan Togo
Djidjole – Lomé
Maison Amela
face EPP BATOME
ddamela@aol.com

L'Harmattan Côte d'Ivoire
Résidence Karl – Cité des Arts
Abidjan-Cocody
03 BP 1588 Abidjan
espace_harmattan.ci@hotmail.fr

Nos librairies en France

Librairie internationale
16, rue des Écoles
75005 Paris
librairie.internationale@harmattan.fr
01 40 46 79 11
www.librairieharmattan.com

Librairie des savoirs
21, rue des Écoles
75005 Paris
librairie.sh@harmattan.fr
01 46 34 13 71
www.librairieharmattansh.com

Librairie Le Lucernaire
53, rue Notre-Dame-des-Champs
75006 Paris
librairie@lucernaire.fr
01 42 22 67 13

www.ingramcontent.com/pod-product-compliance
Lightning Source LLC
LaVergne TN
LVHW010022081026
849535LV00016B/2913
* 9 7 8 2 1 4 0 2 5 8 6 3 3 *